PRO BRASILIA FIANT EXIMIA

GOVERNO DO ESTADO DE SÃO PAULO
GERALDO ALCKMIN – GOVERNADOR

SECRETARIA DE ESTADO DO MEIO AMBIENTE
RICARDO TRIPOLI – SECRETÁRIO

COORDENADORIA DE INFORMAÇÕES TÉCNICAS, DOCUMENTAÇÃO E PESQUISA AMBIENTAL
LUIS MAURO BARBOSA – COORDENADOR

INSTITUTO DE BOTÂNICA
LILIAN BEATRIZ PENTEADO ZAIDAN – DIRETORA GERAL

FLORA FANEROGÂMICA DA ILHA DO CARDOSO

VOLUME 8

ICACINACEAE
HALORAGACEAE
CRASSULACEAE
QUIINACEAE
ONAGRACEAE
COMMELINACEAE
CYPERACEAE

INSTITUTO DE BOTÂNICA
São Paulo, SP, Brasil
2001

Esta publicação é indexada pelo Biological Abstracts.

Ficha catalográfica elaborada pela Seção de Biblioteca do Instituto de Botânica.

F632 Flora Fanerogâmica da Ilha do Cardoso/Editorada por Maria Margarida da R. Fiuza de Melo; Fábio de Barros; Silvia A.C. Chiea; Mizué Kirizawa; Sigrid L. Jung-Mendaçolli; Maria das Graças L. Wanderley - São Paulo: Instituto de Botânica, 2001.

Conteúdo do v.8: Icacinaceae, por Fátima O. de Souza e Rosângela Simão Bianchini; Haloragaceae, por Maria Beatriz R. Caruzo e Inês Cordeiro; Crassulaceae, por Maria Beatriz R. Caruzo e Inês Cordeiro; Quiinaceae, por Fátima O. de Souza e Rosângela Simão Bianchini; Onagraceae, por Marilia C. Duarte e Gerleni L. Esteves; Commelinaceae, por Ricardo P.G. Rosário e Rosângela Simão Bianchini; Cyperaceae, por Celi Muniz.

Bibliografia

ISBN 85.85131.38.1 (obra geral)

ISBN 85.7523.012.3 (volume 8)

1. Ilha do Cardoso (SP) 2. Icacinaceae 3. Haloragaceae 4. Crassulaceae 5. Quiinaceae 6. Onagraceae 7. Commelinaceae 8. Cyperaceae I. Melo, Maria Margarida da R. Fiuza de, ed. II. Barros, Fábio de, ed. III. Chiea, Silvia A.C., ed. IV. Kirizawa, Mizué, ed. V. Jung-Mendaçolli, Sigrid L., ed. VI. Wanderley, Maria das Graças L., ed. VII. Título.

CDU 581.9 (816.2)

Instituto de Botânica

Caixa Postal 4005, 01061-970 São Paulo, SP, Brasil

O volume 7 desta série foi distribuído em 30-III-2001

FLORA FANEROGÂMICA DA ILHA DO CARDOSO

VOLUME 8
(2001)

FLORA FANEROGÂMICA DA ILHA DO CARDOSO

Relação dos assessores que colaboraram no oitavo volume

Ana Maria Giulietti
Ana Paula Prata
Celi Muniz
Elsa Zardini
Ghillean T. Prance
José Rubens Pirani
Kikyo Yamamoto
Luis Carlos Bernacci
Maria Bernadete Costa e Silva
Maria do Carmo E. Amaral
Maria Lúcia Kawasaki
Roseli B. Torres
Roxana C. Barreto
Urs Eggli
Vinicius Castro Souza
Volker Bittrich

SUMÁRIO

PREFÁCIO

Este oitavo volume da Flora Fanerogâmica da Ilha do Cardoso traz o estudo de sete famílias vegetais, abrangendo 50 espécies. Mais esta vez agradecemos aos autores e assessores do volume 8 e a todos aqueles funcionários do Instituto de Botânica que colaboraram nesta publicação.

Com este volume, publicado 11 anos após o primeiro da série, chegamos à metade do total de 16 volumes originalmente previstos. É pertinente, neste momento, fazer uma avaliação do andamento da obra como um todo. Até o volume 8, a Flora Fanerogâmica da Ilha do Cardoso já publicou um total de 855 páginas, portanto, uma média de 106,9 páginas por volume. No total foram publicadas as monografias de 69 famílias, com 209 gêneros e 414 espécies. Esses números, quando comparados com os totais do "check-list" apresentado no 1º volume (134 famílias, 483 gêneros e 986 espécies) correspondem, aproximadamente a 52% das famílias, 43% dos gêneros e 42% das espécies. Portanto, chegamos à metade dos volumes, alcançando, aproximadamente, metade dos táxons ocorrentes. Em média foram publicadas 8,6 famílias e 51,8 espécies por volume.

Consideramos, portanto, que uma previsão de término desta flora em 2009 é uma previsão realista. É claro que, para isso, precisaremos continuar contando com a participação de cada colaborador, através do envio das monografias correspondentes às famílias sob suas responsabilidades. No momento, outras seis famílias já se encontram em fase de editoração para o volume 9, cuja publicação deve ocorrer até o final de 2002.

São Paulo, novembro de 2001

OS EDITORES

FLORA FANEROGÂMICA DA ILHA DO CARDOSO (SÃO PAULO, BRASIL)
Icacinaceae [1]

Fátima Otavina de Souza [2]
Rosangela Simão Bianchini [3]

Árvores, arbustos ou lianas. Folhas simples, alternas, raramente opostas, glabras ou pilosas, coriáceas, raramente membranáceas, pecioladas, sem estípulas. Inflorescência paniculada ou cimosa, terminal ou lateral, axilar, supra-axilar ou extra-axilar. Flores com pedicelo articulado abaixo do cálice (exceto em *Pleurisanthes*), monoclinas ou diclinas; cálice curto, geralmente 5-mero, sépalas imbricadas, livres ou concrescidas entre si; pétalas normalmente 5, livres, raramente concrescidas em tubo (*Dendrobangia*), prefloração valvar ou imbricada (*Citronella*); estames 5, alternos às pétalas, eretos, filetes livres ou conados à corola, geralmente carnosos, cilíndricos ou comprimidos, glabros ou pilosos, anteras basifixas ou dorsifixas, (2-)4-loculares, deiscência longitudinal, introrsa ou lateral; ovário súpero, geralmente 3-carpelar, 1-locular, excepcionalmente 3-locular (*Emmotum*), 2-ovulado, óvulos pêndulos, colaterais, anátropos; estilete único, normalmente curto, reto ou curvo, terminal ou ligeiramente excêntrico, raramente ausente; estigma capitado, punctiforme, discóide ou peltado, inteiro ou levemente 2-5-lobado, freqüentemente depresso em um dos lados. Fruto drupáceo, globoso, ovóide, oblongo, elipsóide ou um pouco comprimido, epicarpo carnoso,

---

1. Trabalho elaborado como parte do levantamento florístico apresentado por Barros et al. (1991).
2. Estagiária do Instituto de Botânica.
3. Instituto de Botânica, Caixa Postal 4005, 01061-970 São Paulo, SP, Brasil.

normalmente oleaginoso, endocarpo duro. Semente 1, endosperma carnoso, embrião muito reduzido.

A família é colocada na ordem Celastrales, sendo constituída por 60 gêneros e cerca de 450 espécies, com representantes predominantemente pantropicais. Nas Américas ocorrem 12 gêneros, sendo a Amazônia o centro de dispersão das espécies americanas (Brito, 1999). Na Ilha do Cardoso, a família está representada pela espécie *Citronella paniculata* (Mart.) R.A. Howard.

Citronella D. Don

1. *Citronella paniculata* (Mart.) R.A. Howard, J. Arnold Arbor. 21:473. 1940.

Basiônimo: *Leonia paniculata* Mart., Herb. fl. bras. 24(2):26. 1841.

Nome vulgar: falsa-gorgonheira.

Árvores 4,0-16,0m alt., ramos cilíndricos, estriados longitudinalmente, glabrescentes. Folhas obovadas a elípticas, coriáceas, lâmina 4,8-17,5cm compr., 2,4-9,5cm larg., glabra, ápice arredondado a obtuso, base atenuada, margem inteira, cartilaginosa, revoluta, nervura principal sulcada na face adaxial, proeminente na face abaxial, domácias glabras, urceoladas, nas axilas das nervuras, pecíolo 0,5-2,0cm compr., glabro. Inflorescência em panículas terminais, axilares ou extra-axilares, ramos da inflorescência e pedúnculos densamente seríceos. Flores com botões elipsóides a ovóides; sépalas ovais, 1,0-1,6mm compr., seríceas, glabrescentes junto à articulação; corola creme, pétalas elípticas, 2,0-3,8mm compr., glabras ou com tricomas na nervura, ápice acuminado, acúmen inflexo, nervura mediana proeminente e larga; estames 1,5-3,0mm compr., anteras 2-loculares; ovário piloso, estilete muito curto, estigma capitado, rugoso. Frutos subglobosos, ovóides a elipsóides, arroxeados a enegrecidos, 0,6-1,8cm compr., 0,3-1,3cm larg., com alguns tricomas quando imaturos.

Observações: Esta espécie é encontrada no Sudeste e Sul (Paraná) do Brasil, Paraguai e Argentina, no interior de mata ciliar, mata de brejo e mata atlântica; na Ilha do Cardoso foi coletada em mata de encosta.

Material examinado: M.M.R.F. Melo & A. Penina 880, estéril, morro de captação d'água, 22-VIII-1987 (SP).

Material adicional examinado: P.H. Davis et al. D60820, fr., São Paulo, ca. 5 km de Jacupiranga na estrada de Cananéia, 9-IX-1976 (SP); G. Gehrt, fl., fr., São Paulo, Rio Claro, 5-VIII-1919 (SP3647); P.I. Oliveira 559, fl., Paraná, Quatro Barras, 28-VI-1982 (MBM, SP); R.R. Rodrigues 170, fr., São Paulo, Eldorado, IX-1995 (ESA, SPF).

BIBLIOGRAFIA

Barros, F.; Melo, M.M.R.F.; Chiea, S.A.C.; Kirizawa, M.; Wanderley, M.G.L. & Jung-Mendaçolli, S.L. 1991. Caracterização geral da vegetação e listagem das espécies ocorrentes. In Flora Fanerogâmica da Ilha do Cardoso (Melo, M.M.R.F.; Barros, F; Wanderley, M.G.L.; Kirizawa, M.; Jung-Mendaçolli, S.L. & Chiea, S.A.C. eds.). São Paulo: Instituto de Botânica, v.1, 184p.

Brito, J.M. 1999. Icacinaceae. In Flora da Reserva Ducke (Ribeiro, J.E.L.S.; Hopkins, M.J.G.; Vicentini, A.; Sothers, C.A.S.; Costa, M.A.S.; Brito, J.M.; Souza, M.A.D; Martins, L.H.P.; Lohman, L.G.; Assunção, P.A.C.L.; Pereira, E.C.; Silva, C.F.; Mesquita, M.R. & Procópio, L.C., eds.). Manaus: INPA. p.478-481.

Engler, A. 1877. Olacineae, Icacineae, Zygophylleae. In Flora Brasiliensis (Martius, C.F.P. ed.). 12(2):42-62.

Howard, R.A. 1940. Studies of the Icacinaceae I: Preliminary taxonomic notes with four plants. Journal of the Arnold Arboretum 21:461-489.

Howard, R.A. 1942. Studies of the Icacinaceae IV: Considerations of the new world genera V. A revision of the genus *Citronella* D. Don. Contributions from the Gray Herbarium of Harvard University. 142:3-92.

Howard, R.A. 1976. Family 106. Icacinaceae. Flora of Panama. Part VI. Annals of the Missouri Botanical Garden 63(3/4):399-417.

Jung-Mendaçolli, S.L. & Mazzoni-Viveiros, S.C. 1984. Flora Fanerogâmica da Reserva do Parque Estadual das Fontes do Ipiranga (São Paulo, Brasil): 104-Icacinaceae. Hoehnea 11:94.

Macbride, J.F. 1951. Icacinaceae. In Flora of Peru (Macbride, J.F., ed.). Field Museum of Natural History, Botanical Series 13(3A-1):221-233.

Sleumer, H. 1971. Icacinaceae. In Flora Malesiana (Van Steenis, C.G.G.J. ed.) 7:1-87.

FLORA FANEROGÂMICA DA ILHA DO CARDOSO (SÃO PAULO, BRASIL)
Haloragaceae[1]

Maria Beatriz Rossi Caruzo [2, 3]
Inês Cordeiro [2]

Ervas aquáticas ou de terrenos brejosos, raramente arbustos ou pequenas árvores. Folhas opostas, alternas ou verticiladas, inteiras ou partidas, com ou sem estípulas. Inflorescência axilar ou terminal, em espigas, racemos ou panículas, ou flores solitárias; flores inconspícuas, hermafroditas ou unissexuadas, diclamídeas ou monoclamídeas, cíclicas, (3-)4-meras; androceu isostêmone ou diplostêmone, anteras basifixas, rimosas, 2-tecas; ovário ínfero, 1-4-carpelar, 1-4-locular, lóculos 1-ovulados, placentação apical, estiletes livres, estigmas capitados ou plumosos. Fruto cápsula esquizocárpica ou drupa. Sementes pêndulas, endosperma abundante, embrião reto.

A família está representada na Ilha do Cardoso por uma única espécie.

Laurembergia Bergius

1. *Laurembergia tetrandra* (Schott) Kanitz in Mart., Fl. bras. 13(2):378. 1882.

Basiônimo: *Haloragis tetrandra* Schott in Sprengel, Syst. veg. 4, App. 405. 1827.

Fig. 1-7.

---

1. Trabalho elaborado como parte do levantamento florístico apresentado por Barros et al. (1991).
2. Instituto de Botânica, Caixa Postal 4005, 01061-970 São Paulo, SP, Brasil.
3. Estagiária do Instituto de Botânica. Bolsista do Programa PIBIC - CNPq.

Erva prostrada, avermelhada, 13,0–20,0cm alt. Folhas opostas a sub-opostas na base dos ramos, alternas em direção ao ápice, sésseis, lanceoladas a espatuladas, ca. 1,0cm compr., 2,0mm larg., ápice agudo, base atenuada, levemente decorrente, margem inteira ou 2-dentada próximo ao ápice. Inflorescência axilar, em fascículos, com 4–8 flores. Flores sésseis ou sub-sésseis, 4-meras; flores masculinas: diclamídeas, ca. 2,0mm compr., curtamente pediceladas; cálice 4–lobado, lobos triangulares, tubo hemisférico; corola dialipétala, pétalas oblongas, cuculadas, agudas; estames 4, epissépalos, filetes inconspícuos, anteras oblongas, quase iguais em comprimento às pétalas; pistilódios 4; flores femininas: monoclamídeas, sésseis; cálice 4-lobado, lobos triangulares, tubo sub-globoso, costado; corola nula; ovário globoso, óvulos 4; estigmas 4, sub-sésseis, capitados. Fruto cápsula esquizocárpica subglobosa, 8-costada. Semente 1, por aborto.

Observações: *L. tetrandra* ocorre em regiões tropicais e sub-tropicais de todo o mundo. Na Ilha do Cardoso cresce na restinga baixa, em solo arenoso.

Material examinado: M.C.H. Mamede et al. 192, fl., fr., Marujá, restinga baixa, 25-X-1989 (SP).

BIBLIOGRAFIA

Barros, F.; Melo, M.M.R.F.; Chiea, S.A.C.; Kirizawa, M.; Wanderley, M.G.L. & Jung-Mendaçolli, S.L. 1991. Caracterização geral da vegetação e listagem das espécies ocorrentes. In Flora Fanerogâmica da Ilha do Cardoso (Melo, M.M.R.F.; Barros, F.; Wanderley, M.G.L.; Kirizawa, M.; Jung-Mendaçolli, S.L. & Chiea, S.A.C. eds.). São Paulo: Instituto de Botânica, v.1, 184p.

Cronquist, A., 1981. An integrated system of classification of flowering plants. New York: Columbia University Press. 1262p.

Fevereiro, P.C.A. 1975. Haloragáceas. In Flora Ilustrada Catarinense (Reitz, R. ed.). Itajaí: Herbário "Barbosa Rodrigues". 17p.

Zappi, D.C. & Taylor, N.P. 1995. Haloragaceae. In Flora of the Pico das Almas (Stannard, B.L. ed.). Kew: Royal Botanic Gardens. p.333.

Schindler, A.K. 1905. Haloragaceae. In Das Pflanzenreich (Engler, A. ed.) IV. 225 (Heft 23):1–133.

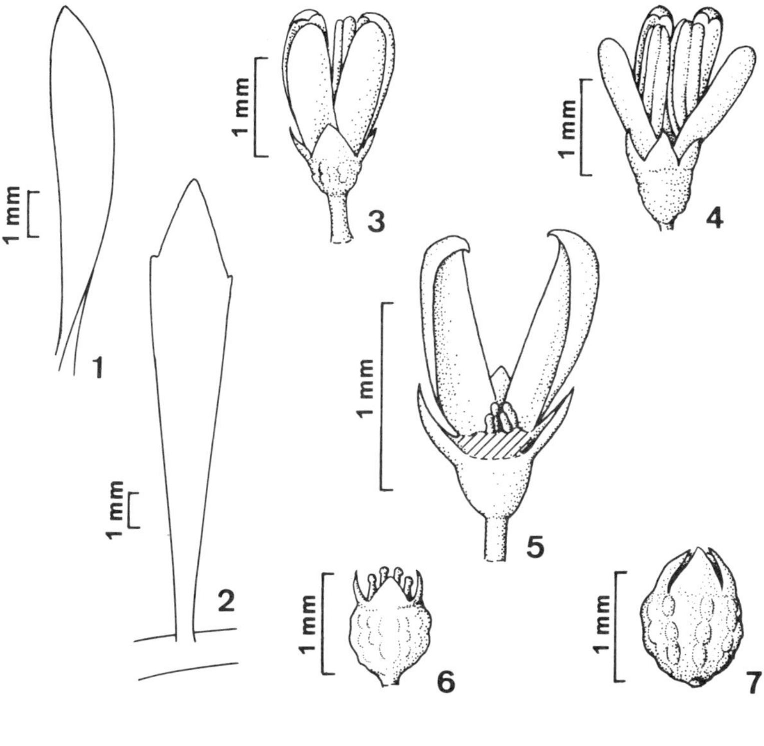

Fig. 1-7: *Laurembergia tetrandra* (Schott) Kanitz. 1: folha com margem inteira; 2: folha com margem bidentada; 3: flor masculina na antese; 4: flor masculina com dois estames retirados; 5: flor masculina com duas pétalas, um lobo do cálice e estames retirados, mostrando pistilódios; 6: flor feminina monoclamídea; 7: fruto. (Mamede 192).

FLORA FANEROGÂMICA DA ILHA DO CARDOSO (SÃO PAULO, BRASIL)
Crassulaceae[1]

Maria Beatriz Rossi Caruzo [2, 3]
Inês Cordeiro [2]

Ervas, subarbustos a pequenos arbustos geralmente suculentos. Folhas simples a raramente pinatissectas, alternas, opostas ou verticiladas, sem estípulas. Inflorescência axilar ou terminal, geralmente em cimeira. Flores vistosas a inconspícuas, hermafroditas, raramente unissexuais, diclamídeas, em geral de simetria radial, (3-)4-5-meras; sépalas e pétalas livres ou unidas entre si; androceu em geral diplostêmone, raramente isostêmone, estames livres ou adnatos às pétalas, anteras rimosas; gineceu apocárpico, carpelos (3-)4-5(-32) livres ou parcialmente soldados, com muitos óvulos de placentação submarginal. Fruto formado por um conjunto de folículos. Sementes numerosas, pequenas, com endosperma oleoso.

A família está representada na Ilha do Cardoso por um gênero e duas espécies.

Kalanchoe Adans.

Ervas a subarbustos, geralmente suculentos. Folhas opostas cruzadas, muitas vezes rosuladas, subverticiladas ou alternas, inteiras, lobadas ou, raramente, pinatissectas, sésseis ou pecioladas, margem crenada ou inteira. Inflorescência usualmente terminal, em panícula ou corimbo, muito raramen-

---

1. Trabalho elaborado como parte do levantamento florístico apresentado por Barros et al. (1991).
2. Instituto de Botânica, Caixa Postal 4005, 01061-970 São Paulo, SP, Brasil.
3. Estagiária do Instituto de Botânica. Bolsista do Programa PIBIC - CNPq.

te racemosa. Flores hermafroditas, 4-meras; sépalas e pétalas concrescidas entre si; estames 8, raramente 4, dispostos em 2 verticilos, livres ou unidos entre si, adnatos à corola; gineceu com 4 carpelos livres, providos de glândulas nectaríferas na base, óvulos numerosos por carpelo, estiletes dilatados no ápice. Fruto composto de 4 folículos. Sementes de testa estriada.

CHAVE PARA AS ESPÉCIES

1. Flores ca. 1,5cm compr., eretas; cálice totalmente verde; sépalas unidas apenas no terço inferior, lanceoladas; corola alaranjada, hipocrateriforme; estames de dois tamanhos; glândula nectarífera linear, membranácea ...... 1. *K. crenata*
1. Flores ca. 5,0cm compr., pêndulas; cálice púrpura na base, verde-amarelado em direção ao ápice; sépalas unidas até 2/3 da altura do cálice, triangulares; corola amarelo-esverdeada, púrpura no terço apical, campanulada; estames do mesmo tamanho; glândula nectarífera retangular, carnosa .... 2. *K. pinnata*

1. *Kalanchoe crenata* (Andr.) Haw., Syn. pl. succ. p.109. 1812.

Basiônimo: *Vereia crenata* Andr., Bot. repos. 1:t 21. 1798.

Fig. 1-4.

Subarbustos, ca. 1,0m alt.; ramos pubérulos, com tricomas glandulares. Folhas opostas, ovais, carnosas, ca. 18,0cm compr., 6,5cm larg., ápice obtuso, base cuneada, decorrente no pecíolo, margem crenada; pecíolo ca. 3,0cm compr. Inflorescência terminal, em cimeira corimbosa, ca. 15,0cm compr., com tricomas glandulares. Flores eretas, ca. 1,5cm compr., pedicelo ca. 3,0mm compr.; cálice verde, sépalas lanceoladas, acuminadas, unidas apenas no terço inferior, ca. 0,5cm compr.; corola alaranjada, hipocrateriforme, ca. 1,0cm compr., lobos obovados, ápice conspícuamente apiculado; estames 8, em dois verticilos, os maiores alcançando a base dos lobos da corola, e os menores a altura do estigma, anteras amareladas; carpelos jovens não observados, estiletes capitados, glândulas nectaríferas lineares, membranáceas. Folículos jovens ca. 6,0mm compr., 1,0mm larg. Sementes numerosas.

Observações: Planta de origem africana. Segundo Hamet (1908) é uma espécie extremamente polimorfa e muito cultivada em todo o mundo, causas que justificam seu grande número de sinônimos, inclusive *Kalanchoe brasiliensis* Camb. O mesmo autor refere coleções dessa espécie provenientes da Bahia, Minas Gerais, Rio de Janeiro e Santa Catarina, provavelmente cultivadas ou subespontâneas.

Material examinado: A. Custodio Filho & C.F.S. Muniz 141, fl., fr., alagado próximo aos laboratórios, 21-VIII-1979 (SP).

2. *Kalanchoe pinnata* (Lam.) Pers. Syn. pl. 1:446. 1805.

Basiônimo: *Cotyledon pinnata* Lam. Encycl. 2(1):141. 1786.

Fig. 5-7.

Subarbustos glabros, 0,5-1,5m alt. Folhas opostas cruzadas, ovais, carnosas, 3,0-16,0cm compr., 1,5-6,5cm larg., ápice arredondado, base obtusa, decorrente no pecíolo, margem crenada; pecíolo 1,0-4,0cm compr. Inflorescência terminal, paniculada, 6,0-15,0cm compr. Flores pêndulas, ca. 5,0cm compr., pedicelo 0,5-2,0cm compr.; cálice púrpura na base, verde-amarelado em direção ao ápice, marcescente, sépalas triangulares, acuminadas, unidas até 2/3 da altura do cálice, ca. 3,5cm compr.; corola amarelo-esverdeada, com o 1/3 apical púrpura, campanulada, sofrendo um estrangulamento ao nível do estilete, ca. 4,5cm compr., lobos triangulares, ápice acuminado; estames 8, dispostos em dois verticilos, ambos alcançando a base dos lobos da corola, anteras vináceas; carpelos capitados, ca. 3,5cm compr., 3,0mm larg.; glândulas nectaríferas retangulares, carnosas. Folículos não observados.

Observações: Espécie africana, amplamente cultivada em regiões tropicais. No Brasil É subespontânea, sendo citada por Hamet (1908) para o Rio de Janeiro, com base em uma coleção de Glaziou 8724, provavelmente proveniente de planta cultivada. Na Ilha do Cardoso a espécie ocorre subespontâneamente nas dunas.

Material examinado: A. Custodio Filho & C.F.S. Muniz 135, fl., fr., próximo à praia, 21-VIII-1979 (SP); S. Ferreira 306, fr., cultivada, 28-XI-1990 (SP); S.L. Jung-Mendaçolli & A.C. Maruffa 492, fl., fr., 16-VIII-1982 (SP); C.F.S. Muniz & A. Custodio Filho 89, fl., fr., 21-VIII-1979 (SP); C.F.S. Muniz & A. Custodio Filho 90, fl., fr., 21-VIII-1979 (SP); S. Romaniuc Neto et al. 271, fr., próximo ao trapiche à beira mar, 9-VII-1985 (SP).

BIBLIOGRAFIA

Barros, F.; Melo, M.M.R.F.; Chiea, S.A.C.; Kirizawa, M.; Wanderley, M.G.L. & Jung-Mendaçolli, S.L. 1991. Caracterização geral da vegetação e listagem das espécies ocorrentes. In Flora Fanerogâmica da Ilha do Cardoso (Melo, M.M.R.F.; Barros, F; Wanderley, M.G.L.; Kirizawa, M.; Jung-Mendaçolli, S.L. & Chiea, S.A.C. eds.). São Paulo: Instituto de Botânica, v.1, 184p.

Bailey, L.H. 1924. Manual of cultivated plants. New York: The Macmillan Company. 1116 p.

Bailey, L.H. & Bailey, E.Z. 1976. Hortus third: A concise dictionary of plants cultivated in the United States and Canada. New York: Macmillan Publishing Company. 1290p.

Cronquist, A. 1981. An integrated system of classification of flowering plants. New York: Columbia University Press. 1262 p.

Hamet, M.R. 1907. Monographie du genre *Kalanchoe*. Bulletin de L'Herbier Boissier. 2ª sér. 7:869-900.

Hamet, M.R. 1908. Monographie du genre *Kalanchoe*. Bulletin de L'Herbier Boissier. 2ª sér. 8:17-48.

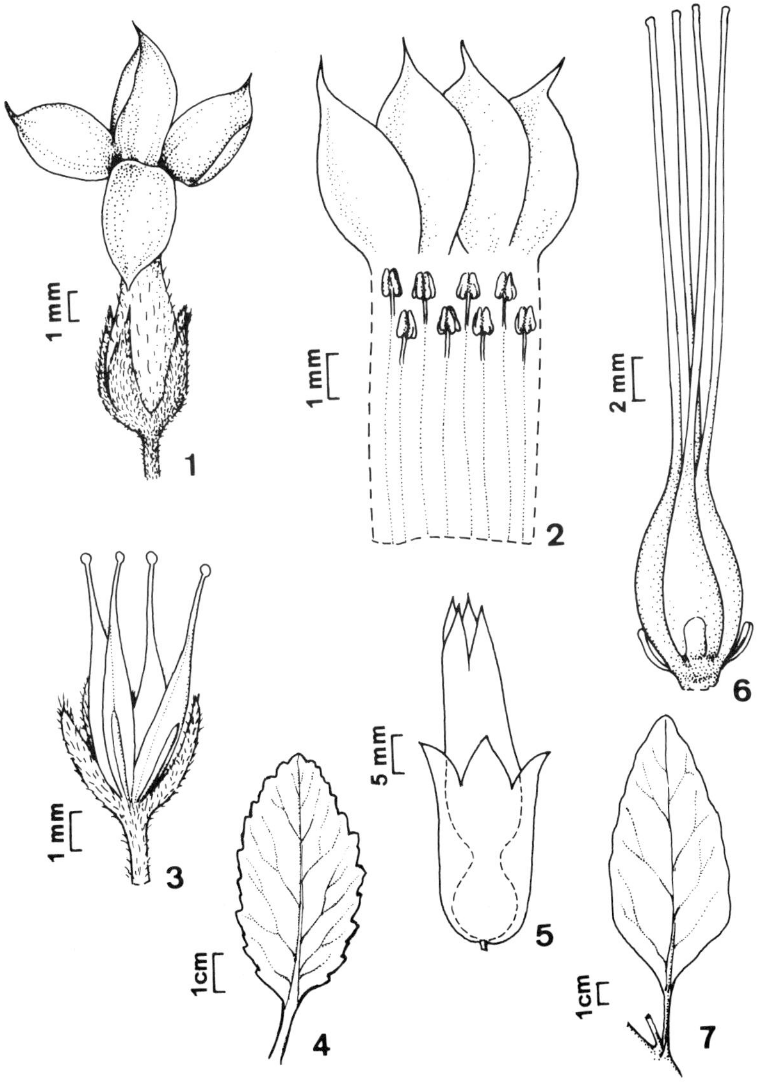

Fig. 1-4: *Kalanchoe crenata* (Andr.) Haw. 1: flor na antese; 2: corola rebatida mostrando estames de tamanhos diferentes; 3: fruto jovem com quatro folículos, glândulas nectaríferas lineares, membranáceas e cálice persistente; 4: folha. Fig. 5-7: *Kalanchoe pinnata* (Lam.) Pers. 5: flor na antese; 6: gineceu apocárpico com glândulas nectaríferas retangulares, carnosas; 7: folha próxima à inflorescência. (1-4: Custodio Filho & Muniz 141; 5-7: Jung-Mendaçolli & Maruffa 492).

FLORA FANEROGÂMICA DA ILHA DO CARDOSO (SÃO PAULO, BRASIL)
Quiinaceae [1]

Fátima Otavina de Souza [2]
Rosangela Simão Bianchini [3]

Árvores ou arbustos, às vezes escandentes, polígamo-dióicos, raramente hermafroditas. Folhas opostas ou verticiladas, simples ou compostas, glabras, rijo-membranáceas ou subcoriáceas, margem inteira, crenada ou serreada, estípulas interpeciolares rijas ou foliáceas, pecioladas. Inflorescência axilar ou terminal, em racemos ou panículas. Flores pequenas, alvas ou amareladas; sépalas (3-)4-5(-8), livres ou unidas na base, imbricadas; pétalas (3-)4-5(-8), normalmente livres, imbricadas ou torcidas, alternas às sépalas; estames numerosos, normalmente 15-30(-170), hipóginos ou períginos, filetes filiformes, livres ou concrescidos entre si e, às vezes, com a base da corola, anteras pequenas, subglobosas, basifixas ou dorsifixas, rimosas, latrorsas; pistilódios ausentes nas flores masculinas; flor feminina com ou sem estaminódios, 2-13 carpelos, concrescidos ou livres (*Froesia*); ovário normalmente súpero, 2-13-locular, placentação axial subasilar, óvulos 2 por lóculo, ascendentes, anátropos, estiletes 2-3 a muitos, livres. Fruto bacáceo, globoso ou oblongo, às vezes estriado longitudinalmente, endocarpo fibroso-carnoso, freqüentemente 1-locular por aborto. Semente tomentosa, testa subcrustácea, tegmen delgado, internamente aderido à testa, embrião reto.

---

1. Trabalho elaborado como parte do levantamento florístico apresentado por Barros et al. (1991).
2. Estagiária do Instituto de Botânica.
3. Instituto de Botânica, Caixa Postal 4005, 01061-970 São Paulo, SP, Brasil.

Pequena família da América Tropical, composta por 4 gêneros e cerca de 53 espécies. As espécies dessa família podem ser facilmente reconhecidas no campo pela disposição das folhas, venação paralela e proeminente, pelas estípulas interpeciolares, pela madeira normalmente avermelhada (Costa & Amaral, 1999) e, também, pelas pequenas flores pediceladas, geralmente monoclinas. Na Ilha do Cardoso está representada por *Quiina glaziovii* Engl.

Quiina Aubl.

1. *Quiina glaziovii* Engl., In Mart. Fl. bras. 12(1):482. 1888.

Nome vulgar: quina-do-mato.

Árvores 8,0-18,0m alt., poligamo-dióicas, ramos cilíndricos, estriados longitudinalmente, glabros. Folhas simples, opostas, dispostas no ápice dos ramos, elíptico-lanceoladas, rijo-membranáceas, glabras; lâmina 15,0-24,4cm compr., 6,5-11,0cm larg., ápice agudo a obtuso, base atenuada, margem serreada, nervuras primárias e secundárias proeminentes em ambas as faces, sendo mais marcantes na face abaxial, comumente 18-24 pares de nervuras secundárias arqueadas para o ápice, 2 pares de estípulas foliáceas, ovais, glabras, 1,5-2,5cm compr., 0,7-1,1cm larg., margem inteira; pecíolos 3,0-14,0mm compr., glabros. Inflorescência em racemos, axilares, 4,0-12,0cm compr., formados por fascículos, ramos da inflorescência glabrescentes, brácteas triangulares, pubescentes, 1,5mm compr., 1,0mm larg., pedicelo 4,0-6,0mm compr. Flores amareladas, 4-7 por bráctea; sépalas 4, ovais, geminado-decussadas, seríceo-ciliadas, 1,6-2,0mm compr., 1,4-1,5mm larg.; pétalas 4, obovais, livres, ciliadas, 2,0-3,5mm compr., 1,5-2,0mm larg.; flores masculinas com cerca de 21 estames livres, 2,5mm compr., anteras basifixas; flores monoclinas com cerca de 13 estames, livres, semelhantes ao das flores masculinas; ovário estreitamente oval, 1,7mm compr., 1,0mm larg., 2-locular; estilete 2-fido, unido no 1/3 inferior, estigma discóide.

Observações: *Quiina glaziovii* já foi coletada no Rio de Janeiro, São Paulo, Paraná e Santa Catarina. É exclusiva de mata pluvial da costa atlântica, tendo preferência por solos úmidos, nas várzeas férteis ao longo de rios (Reitz, 1965). Na Ilha do Cardoso foi coletada em mata de encosta. A descrição original feita por Engler (1888) refere, para a espécie, folhas menores (8,0-10,0cm compr., 2,5-3,5cm larg.), margem nitidamente crenado-serreada, 10-12 pares de nervuras secundárias e estípulas estreitamente lanceoladas, características observadas apenas nos espécimes provenientes do Rio de Janeiro, enquanto os materiais coletados em São Paulo, Santa Catarina e Paraná apresentam ligeira diferença nestes caracteres, como pode ser observado na descrição acima. Para uma melhor delimitação taxonômica desta espécie são necessários estudos mais amplos, com um número maior de espécimes provenientes de toda sua área de delimitação.

Material examinado: M.M.R.F. Melo & J.A. Correa 733, estéril, morro da captação d'água, 20-X-1989 (SP).

Material adicional examinado: S.A. Nicolau et al. 959, fl. ♂, São Paulo, Iguape, 23-XI-1995 (SP, SPSF); Reitz & Klein 9238, fl. monoclina e fl. ♂, Santa Catarina, Blumenau, 22-X-1959 (HBR, SP); J.M. Silva & J. Saldanha 1775, fl. ♂, Paraná, Guaratuba, 1-XI-1996 (MBM, SP).

BIBLIOGRAFIA

Barros, F.; Melo, M.M.R.F.; Chiea, S.A.C.; Kirizawa, M.; Wanderley, M.G.L. & Jung-Mendaçolli, S.L. 1991. Caracterização geral da vegetação e listagem das espécies ocorrentes. In Flora Fanerogâmica da Ilha do Cardoso (Melo, M.M.R.F.; Barros, F.; Wanderley, M.G.L.; Kirizawa, M.; Jung-Mendaçolli, S.L. & Chiea, S.A.C. eds.). São Paulo: Instituto de Botânica, v. 1, 184p.

Costa, M.A.S. & Amaral, M. 1999. Quiinaceae. In Flora da Reserva Ducke: Guia de identificação das plantas vasculares de uma floresta de terra firme na Amazônia Central (Ribeiro, J.E.L.S.; Hopkins, M.J.G.; Vicentini, A.; Sothers, C.A.S.; Costa, M.A.S.; Brito, J.M.; Souza, M.A.D; Martins, L.H.P.; Lohman, L.G.; Assunção, P.A.C.L.; Pereira, E.C.; Silva, C.F.; Mesquita, M.R. & Procópio, L.C., eds). Manaus: Instituto Nacional de Pesquisas da Amazônia, 800p.

Ducke, A. 1925. Plantes nouvelles ou peu connues de la région amazonienne (IIIe partie). Archivos do Jardim Botânico do Rio de Janeiro 4:139-144.

Ducke, A. 1930. Plantes nouvelles ou peu connues de la région amazonienne (IVe partie). Archivos do Jardim Botânico do Rio de Janeiro 5:167-172.

Engler, A. 1888. Guttiferae et Quiinaceae. In Flora Brasiliensis (Martius, C.F.P.; Eichler, A.W. & Urban, I., eds.). Lipsiae: Monachii, v.12, pt 1, p. 476-486.

Macbride, J.F. 1956. Quiinaceae. Flora of Peru. Field Museum of Natural History, Botanical Series. 13(3a-2):717-726.

Martinez, R.V. 1997. Quiinaceae. In Flórula de las Reservas Biológicas de Iquitos, Perú (Lleras, A.R. & Taylor, C.M., eds.). St. Louis: Missouri Botanical Garden, v. 63, p. 594-597.

Reitz, R. 1965. Quiinaceae. In Flora Ilustrada Catarinense (Reitz, R., ed.). Itajaí: Herbário Barbosa Rodrigues, 1(Quii), 8p.

FLORA FANEROGÂMICA DA ILHA DO CARDOSO (SÃO PAULO, BRASIL)
Onagraceae [1]

Marília Cristina Duarte [2, 3]
Gerleni Lopes Esteves [2]

Ervas a arbustos; indumento de tricomas simples. Folhas simples, alternas ou opostas, estipuladas; lâminas inteiras, nervação pinada. Flores solitárias, axilares, monoclinas, com hipanto desenvolvido, prolongado ou não acima do ovário; cálice gamosépalo ou dialisépalo, sépalas 4-5, prefloração valvar; corola dialipétala, pétalas 4-5, prefloração torcida; estames 8-10, com comprimentos semelhantes ou desiguais, os episépalos maiores que os epipétalos, filetes livres, filiformes, anteras 2-tecas, 4-esporangiadas, oblongas ou lineares, rimosas, dorsifixas; disco epígino presente ou ausente; ovário ínfero, 4-5-carpelar, 4-5-locular, lóculos pluriovulados, óvulos dispostos em uma série ou desordenadamente nos lóculos, estilete inteiro, estigma capitado. Fruto cápsula loculicida ou baga; sementes numerosas, com rafe saliente, endosperma ausente; embrião reto.

Família representada na Ilha do Cardoso por 2 gêneros e 3 espécies.

CHAVE PARA OS GÊNEROS

1. Arbusto escandente; cálice gamosépalo, rosado; pétalas roxas; hipanto prolongado acima do ovário; estilete delgado, 4,5-5,3cm compr. .... *Fuchsia*

---

1. Trabalho elaborado como parte do levantamento florístico apresentado por Barros et al. (1991).
2. Instituto de Botânica, Caixa Postal 4005, 01061-970 São Paulo, SP, Brasil.
3. Estagiária do Instituto de Botânica. Bolsista PIBIC - CNPq.

1. Arbusto ereto; cálice dialisépalo, verde; pétalas amarelas; hipanto não prolongado acima do ovário; estilete robusto, 1,0-3,5cm compr..... *Ludwigia*

Fuchsia L.

1. *Fuchsia regia* (Vand. ex Vell.) Munz., Proc. Calif. Acad. Sci. ser. 4, 25:13. 1943.

Basiônimo: *Quelusia regia* Vand. ex Vell., Fl. flumin. p.149. 1825.

Fig. 1-5.

Arbustos escandentes ca. 2,0m alt., ramos pubescentes a glabrescentes. Folhas opostas; estípulas caducas; lâmina coriácea, inteira, lanceolada a oval, 3,5-8,5cm compr., 1,0-3,0cm larg., ápice acuminado, base arredondada, margem inteira a levemente denteada, tricomas em ambas as faces, face abaxial com concentração de tricomas sobre a nervura principal próximo ao pecíolo; pecíolos 0,5-1,0cm compr. Flores na axila das últimas folhas, vistosas, geralmente pêndulas; pedicelos 1,5-2,8cm compr.; cálice gamosépalo, rosado, 1,9-3,0cm compr., lobos 4, lanceolados, ápice agudo, 1,2-2,0cm compr., 0,4-0,5cm larg.; pétalas 4, roxas, obovado-espatuladas, ápice arredondado, 0,8-1,8cm compr., 0,4-1,0cm larg.; estames 8, exsertos, 2,1-4,3cm compr., anteras lineares; hipanto prolongado acima do ovário, pubescente, rosado, cilíndrico, alargado para o ápice, 1,0-1,8cm compr., 3,0-4,0mm larg.; ovário 4-locular, lóculos 2-ovulados, estilete 4,5-5,3cm compr., exserto, pubescente na base, estigma 2,0-3,0 mm compr. Fruto não visto.

Observações: Espécie com ampla distribuição na Mata Atlântica da Serra do Mar. Na Ilha do Cardoso ocorre na floresta de encosta, sendo facilmente distinta das demais espécies de Onagraceae, principalmente pelo tipo de hábito e pela coloração das flores. A espécie é extensamente cultivada com fins ornamentais.

Material examinado: F. Barros et al. 1905, fl., morro do Cardoso, 12-IX-1990 (SP).

Material adicional examinado: A. Custodio Filho 1545, fl., Estação Biológica de Boracéia, 16-IX-1983 (SP); M.C. Duarte et al. 1, fl., Estação Biológica do Alto da Serra de Paranapiacaba, trilha de acesso à Casa do Naturalista, 28-III-2001 (SP).

Ludwigia L.

Ervas a arbustos eretos. Ramos em geral vináceos, pubescentes a glabrescentes. Folhas alternas; estípulas deltóides. Flores vistosas; bractéolas 2, situadas na base do hipanto; cálice dialisépalo, sépalas 4-5; pétalas 4-5, amarelas, obovadas, com tricomas esparsos; estames 8-10, glabros, inseridos na base do disco epígino juntamente com as pétalas, anteras oblongas; disco epígino 4-5-lobado, com tricomas sobre os lobos; hipanto não prolongado acima do ovário, cilíndrico, alongado; ovário 4-5-locular, óvulos dispostos desordenadamente ou em uma série no lóculo. Cápsula delgada, cilíndrica, alongada. Sementes esféricas ou ovóide-achatadas, encaixadas ou não no endocarpo.

CHAVE PARA AS ESPÉCIES

1. Sépalas 5; pétalas 5, ápice arredondado; estames 10; sementes ovóide-achatadas, dispostas em uma série no lóculo, encaixadas no endocarpo em forma de ferradura ..... 1. *L. leptocarpa*
1. Sépalas 4; pétalas 4, ápice emarginado; estames 8; sementes esféricas, dispostas desordenadamente no lóculo, não encaixadas no endocarpo .... 2. *L. octovalvis*

1. *Ludwigia leptocarpa* (Nutt.) Hara, J. Jap. Bot. 28: 292. 1953.

Basiônimo: *Jussiaea leptocarpa* Nutt., Gen. N. Amer. pl. 1: 279. 1818.

Fig. 12-17.

Ervas a arbustos ca. 1,0m alt. Ramos delgados. Folhas com lâmina elíptica a oval-elíptica, 2,5-8,0cm compr., 0,5-1,5cm larg., ápice agudo, base atenuada, margem inteira, tricomas esparsos em ambas as faces, subséssil ou com pecíolo de 1,0-2,0mm compr.; estípulas 1,0-8,0mm compr. Flores com pedicelos 2,0-6,0mm compr., maiores na frutificação; sépalas 5, estreitamente ovais, ápice atenuado, acrescentes no fruto, 7,0-10,0mm compr., 1,0-4,0mm larg.; pétalas 5, ápice arredondado, 7,0-9,0mm compr., 2,0-4,0mm larg.; estames 10, desiguais, os epipétalos 1,5-2,5mm compr., os episépalos 2,0-4,0mm compr.; disco epígino 5-lobado; hipanto externamente pubescente a glabrescente, 1,0-1,5cm compr.; ovário 5-locular, estilete 1,5-2,5mm compr., estigma 0,5-1,5mm compr. Cápsula pubescente a glabrescente, 5-angulada, 10-nervada, 2,5-3,5cm compr. Sementes ovóide-achatadas, castanhas, uniseriadas no lóculo, encaixadas no endocarpo em forma de ferradura.

Observações: Espécie com distribuição na África e nas Américas, desde o sudeste dos Estados Unidos até a Argentina. No Brasil ocorre em todas as regiões, sendo mais comum no nordeste e sudeste. Na Ilha do Cardoso habita áreas úmidas perto de brejos. *L. leptocarpa* é facilmente distinta de *L. octovalvis* principalmente pelo número de sépalas, pétalas e estames e pela forma e disposição das sementes nos lóculos do fruto (fig. 10-11, 16-17). Além disso, enquanto a primeira espécie tem o ápice das pétalas arredondado (fig. 12) e o fruto 5-angulado com 10 nervuras longitudinais, a segunda espécie possui as pétalas com ápice emarginado (fig. 9) e o fruto 4-angulado com 8 nervuras longitudinais.

Material examinado: F. Barros 1026-A, fl., fr., 23-III-1984 (SP); F. Barros & P. Martuscelli 1983, fl., fr., restinga do Pereirinha, 2-XIII-1990 (SP); A. Custodio Filho & C.F.S. Muniz 82, fl., fr., próximo ao Centro de pesquisas, 21-VIII-1979 (SP); P.H. Davis et al. D.60627, fl., fr., 7-IX-1976 (UEC); D.A. De Grande & E.A. Lopes 71, fl., fr., Centro de pesquisas, 6-IV-1978 (SP); A. Gentry & M.R.F. Melo 700, fl., fr., estrada da captação d'água, 1-II-1987 (SP); S. Romaniuc Neto et al. 144, fl., fr., restinga de Ipanema, 22-III-1984 (SP); S. Romaniuc Neto et al. 774, fr., proximidades da base, ao lado dos laboratórios, 26-VIII-1988 (SP).

1. *Ludwigia octovalvis* (Jacq.) Raven, Kew Bull. 15:476. 1961.

Basiônimo: *Oenothera octovalvis* Jacq., Enum. syst. pl. p.19. 1760.

Fig. 6-11.

Ervas a subarbustos 0,5-2,0m alt. Ramos delgados, pubescentes, às vezes com indumento mais adensado para o ápice. Folhas com lâmina linear, linear-elíptica ou oval-elíptica, 4,5-7,5cm compr., 0,2-1,0(-3,0)cm larg., ápice atenuado a acuminado, base cuneada a atenuada, margem inteira, tricomas em ambas as faces, subséssil ou com pecíolo de 1,0-2,0mm compr., estípulas 3,0-10,0(-15,0)mm compr. Flores sésseis ou com pedicelo 1,0-4,0(-7,0)mm compr., maiores na frutificação; sépalas 4, largamente ovais, ápice subagudo, 4,0-13,0mm compr., 3,0-10,0mm larg.; pétalas 4, ápice emarginado, 5,0-15,0mm compr., 3,0-10,0mm larg.; estames 8, com comprimentos semelhantes, 1,5-4,0mm compr.; disco epígino 4-lobado; hipanto pubescente a glabrescente, 1,0-2,0cm compr.; ovário 4-locular, estilete 1,0-3,5mm compr., estigma 0,5-1,5mm compr. Cápsula pubescente, 4-angulada, 8-nervada, 1,5-4,5cm compr. Sementes esféricas, castanhas, pubescentes a glabras, dispostas desordenamente no lóculo, não encaixadas no endocarpo.

Observações: Espécie pantropical. Na Ilha do Cardoso, ocorre em áreas úmidas, perto de rios, córregos e brejos. *L. octovalvis* apresenta uma grande variação na forma e largura das lâminas foliares, comprimento das pétalas e cápsulas e na densidade do indumento dos ramos e semente. Raven (1963) reconheceu duas subespécies de *L. octovalvis*. Posteriormente, Raven & Tai (1977), com base no exame de um número maior de coleções da espécie e no estudo do número de cromossomos, consideraram *L. octovalvis* até o nível de espécie. Embora o material da Ilha do Cardoso apresente os dois padrões morfológicos descritos por Raven (1963), acatamos, neste trabalho, o posicionamento de Raven & Tai (1977), não considerando categorias infraespecíficas em *L. octovalvis*.

Material examinado: F. Barros 758, fl., fr., próximo ao prédio da administração, 17-VIII-1982 (SP); F. Barros 777, fl., fr., morro do Marujá, 27-III-1982 (SP); F. Barros 1025, fl., fr., 23-III-1984 (SP); F. Barros 1026-B, fl., fr., 23-III-1984 (SP); F. Barros & P. Martuscelli 1976, fl., fr., restinga do Pereirinha, 2-XII-1990 (SP); S.J.G. Silva & F. Barros 5, fl., fr., 9-V-1990 (SP); S.J.G. Silva & F. Barros 22, fl., fr., estrada para o morro da captação, 10-V-1990 (SP); M.M.R.F. Melo 442, fl., morro do Marujá, 18-VIII-1982 (SP); R.D. Xavier et al. 15, fl., beira da estrada no caminho para o rio Perequê, 26-X-1982 (SP); S. Romaniuc Neto 73, fl., próximo ao laboratório, 12-IX-1983 (SP); S. Romaniuc Neto 88, fl., fr., morro da captação, perto da casa do gerador, 14-IX-1983 (SP); S. Romaniuc Neto et al. 767, fl., fr., base do morro dos Foles, 24-VIII-1988 (SP); S. Romaniuc Neto et al. 772, fl., fr. proximidades da base, ao lado dos laboratórios, 26-VIII-1988 (SP); S. Romaniuc Neto et al. 773, fl., fr., proximidades da base, ao lado dos laboratórios, 26-VIII-1988 (SP); S. Romaniuc Neto et al. 775, fl., proximidades da base, ao lado dos laboratórios, 26-VIII-1988 (SP); S. Romaniuc Neto et al. 776, fl., proximidades da base, ao lado dos laboratórios, 26-VIII-1988

(SP); S. Romaniuc Neto et al. 855, fl., fr., Ipaneminha, 25-IV-1989 (SP); G.J. Shepherd et al. 8777, fl., fr., 13-X-1978 (UEC).

BIBLIOGRAFIA

Barros, F.; Melo, M.M.R.F.; Chiea, S.A.C.; Kirizawa, M.; Wanderley, M.G.L. & Jung-Mendaçolli, S.L. 1991. Caracterização geral da vegetação e listagem das espécies ocorrentes. In Flora Fanerogâmica da Ilha do Cardoso (Melo, M.M.R.F.; Barros, F.; Wanderley, M.G.L.; Kirizawa, M.; Jung-Mendaçolli, S.L. & Chiea, S.A.C. eds.). São Paulo: Instituto de Botânica, v.1, 184p.

Micheli, M. 1875. Onagraceae. In Flora Brasiliensis (Martius, C.F.P. & Eichler, A.G. ed.). 12(2):146-182.

Munz. P.A. 1947. Onagraceas. In Flora Brasílica (Hoehne, F. C. ed.) fasc. 9, 41(1):7-49.

Raven, P.H. 1963. The Old World species of *Ludwigia* (including *Jussiaea*), with a synopsis of the genus (Onagraceae). Reinwardtia 6(4):327-427.

Raven, P.H. & Tai, W. 1977. Observations of chromosomes in *Ludwigia* (Onagraceae). Annals of the Missouri Botanical Garden 66:862-879.

Zardini, E.M. & Raven, P.H. 1997. Onagraceae In Flora dos Estados de Goiás e Tocantins. Coleção Rizzo. 20:7-87.

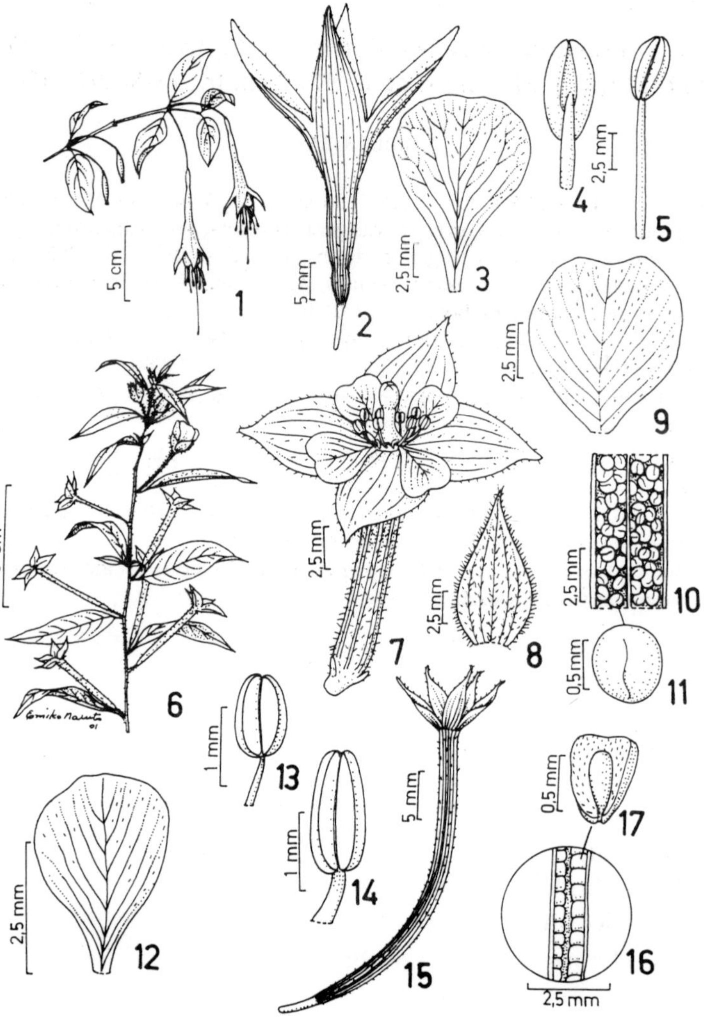

Fig. 1-5: *Fuchsia regia* (Vand.) Munz. 1: ramo com flores; 2: cálice; 3: pétala, face dorsal; 4: estame, vista dorsal; 5: estame, vista ventral. Fig. 6-11: *Ludwigia octovalvis* (Jacq.) Raven. 6: ramo com flores; 7: flor completa; 8: sépala, face dorsal; 9: pétala, face dorsal; 10: parte do fruto, vista interna, mostrando as sementes dispostas desordenadamente no lóculo; 11: semente. Fig.12-17: *Ludwigia leptocarpa* (Nutt.) Hara 12: pétala, face dorsal; 13: estame epipétalo; 14: estame episépalo; 15: fruto, vista externa; 16: parte do fruto, vista interna, mostrando as sementes dispostas em uma série no lóculo; 17: semente encaixada no endocarpo.

FLORA FANEROGÂMICA DA ILHA DO CARDOSO (SÃO PAULO, BRASIL) Commelinaceae[1]

Ricardo Pedro Guazzelli Rosario [2]
Rosangela Simão Bianchini [3]

Ervas perenes ou anuais, suculentas ou não, eretas ou rastejantes, rizomatosas ou estoloníferas, raramente bulbosas. Raízes adventícias, fibrosas, finas ou engrossadas. Caule simples a ramificado, podendo enraizar nos nós. Folhas alternas, basais ou caulinares, lanceoladas ou elípticas, base com bainha larga, fechada, ápice acuminado, nervuras paralelas. Flores monoclinas, vistosas, actinomorfas ou zigomorfas, 3-meras; perianto distinto, sépalas e pétalas livres, efêmeras (exceto *Dichorisandra*); estames 6 em 2 verticilos, todos férteis ou 3 férteis e 3 estaminódios, filetes pilosos, anteras basifixas ou dorsifixas e versáteis, geralmente com um conectivo expandido, abrindo-se por fendas longitudinais ou às vezes por poros apicais ou basais; grãos de pólen 2-(3-)nucleados, monossulcados e, raramente, com dois pequenos sulcos adicionais; ovário súpero, 3-carpelar, 2-3-locular, 1 a poucos óvulos por lóculo, placentação axilar, estilete cilíndrico, glabro, estigma capitado ou truncado. Fruto cápsula loculicida. Sementes com bastante endosperma.

Família representada na Ilha do Cardoso por 4 gêneros e 5 espécies.

---

1. Trabalho elaborado como parte do levantamento florístico apresentado por Barros et al. (1991).
2. Estagiário do Instituto de Botânica. Bolsista do Programa PIBIC - CNPq.
3. Instituto de Botânica, Caixa Postal 4005, 01061-970 São Paulo, SP, Brasil.

CHAVE PARA OS GÊNEROS

1. Brácteas naviculadas, envolvendo a inflorescência .... *Commelina*
1. Brácteas planas, não envolvendo a inflorescência
   2. Inflorescência em tirso .... *Dichorisandra*
   2. Inflorescência umbeliforme ou em dicásio composto
      3. Inflorescência em dicásio composto; estames 6, com longos tricomas esparsos em todo o filete .... *Gibasis*
      3. Inflorescência umbeliforme; estames 3 e estaminódios 3, filetes dos estames férteis com tricomas concentrados próximos à antera, filetes dos estaminó dios glabros .... *Tripogandra*

Commelina L.

1. *Commelina erecta* L., Sp. pl. 2:60. 1762.

Fig. 6-7.

Erva. Ramos eretos ou ascendentes, glabros, 15,0-40,0cm compr.; internós 1,0-8,5cm compr. Folhas com bainha de 1,0-2,6cm compr., 0,1-0,6cm diâm.; pecíolo 1,5-2,0mm compr., lâmina lanceolada a oval, glabra, 2,5-8,5cm compr., 0,8-2,2cm larg., ápice acuminado, base arredondada a atenuada, margem inteira. Inflorescências em cincino denso e curto, 2-5 flores, pedúnculo 0,9-4,6cm compr., brácteas naviculadas envolvendo a inflorescência, ovóides, geralmente agrupadas, glabras, pubérulas a hirsutas, margem glabra ou ciliada, ápice agudo, base cordada, 1,6-5,0cm compr., 1,0-4,0cm larg. Flores com pedicelo de 0,1-1,7cm compr.; sépalas brancas, 3,5-4,0mm compr., 3,0-3,5mm larg.; pétalas 3, unguiculadas, reniformes, azuis, ca. 1,0cm compr., 1,5cm larg.; estames 3 e estaminódios 3, anteras rimosas; ovário

3-locular, envolto por mucilagem, um dos lóculos reduzido, 1-2 óvulos por lóculo.

Observações: Apresenta ampla distribuição nas Américas, ocorrendo em todo o Brasil, Argentina, Venezuela, Estados Unidos e Canadá. Na Ilha do Cardoso foi encontrada principalmente próximo ao Centro de Pesquisas.

Material examinado: D.A. De Grande & E.A. Lopes 70, fl., Centro de Pesquisas, 6-IV-1978 (SP); J. Mattos 16177, fl., Centro de Pesquisas, 28-XI-1974 (SP); C.F.S. Muniz & A. Custodio Filho 79, fl., próximo ao Centro de Pesquisas, 21-VIII-1979 (SP); C.F.S. Muniz & A. Custodio Filho 80, fl., próximo ao Centro de Pesquisas, 21-VIII-1979 (SP); C.F.S. Muniz et al. 193, fl., Centro de Pesquisas, 8-X-1980 (SP); M.G.L. Wanderley 244, fl., próximo ao rio Jacareú, 10-X-1980 (SP).

Dichorisandra J.C. Mikan

Ervas perenes. Caule simples ou ramificado, rizomatozo ou não. Folhas oblanceoladas, elípticas, ovais, lanceoladas ou lineares. Inflorescência em cincino reduzido ou tirso multifloro, simples, terminal ou axilar, brácteas planas, semelhantes às folhas. Flores zigomorfas, azuis, roxas ou vináceas; estames 5-6, todos férteis; antera com abertura poricida às vezes prologando-se em fenda até a metade da antera ou, raramente, rimosa; ovário 3-locular, (2-)5 óvulos por lóculo.

CHAVE PARA AS ESPÉCIES

1. Folhas ovais a lanceoladas; bainhas 0,6-1,5cm compr., 0,2-0,3cm diâm.; estames 6; anteras poricidas .... 1. *D. pubescens*
1. Folhas oblanceoladas a elípticas; bainhas 2,4-3,4cm compr., 0,9-1,9cm diâm.; estames 5; anteras rimosas .... 2. *D. thyrsiflora*

1. *Dichorisandra pubescens* Mart., Roem. & Schult. fl. Syst. veg. 7:1186. 1830.

Fig. 1-3.

Erva escandente, 0,3-1,3m alt. Ramos glabrescentes; internós 3-4cm compr., reduzidos no ápice. Folhas com bainhas sésseis, 0,6-1,5cm compr., 0,2-0,3cm diâm.; lâmina oval a lanceolada, glabra, 6,0-13,0cm compr., 1,6-3,5cm larg., ápice acuminado, base cuneada a arredondada, margem inteira. Inflorescência em tirso denso, simples e curto, multifloro; pedúnculo 0,8-2,2cm compr.; brácteas planas na base da inflorescência, não a envolvendo, semelhantes às folhas. Flores com pedicelo de 0,3-1,1cm compr.; sépalas 8,0-9,0mm compr., 2,0-2,5mm larg.; pétalas oblanceoladas, azuis, 8,0-9,0mm compr., 4,0-4,5mm larg.; estames 6, anteras poricidas; ovário 3-locular, 4-5 óvulos por lóculo.

Observações: Ocorre nos Estados da Bahia, Minas Gerais, São Paulo, Paraná e Santa Catarina.

Material examinado: S. Ferreira 304, fl., fr., trilha da Bomba, 28-XI-1990 (SP); M. Kirizawa 1534, fl., fr., Bernardo Pires, 31-X-1985 (SP); C.F.S. Muniz 508, fl., sítio do Cardoso, 13-XII-1983 (SP).

2. *Dichorisandra thyrsiflora* J. C. Mikan, Del. Fl. et Faun. Bras. 3:3. 1820.

Fig. 4-5.

Nome vulgar: cana-santa.

Erva robusta, 0,7-1,5(-2)m alt. Ramos glabros; internós 4-9cm compr. na base, muito reduzidos no ápice. Folhas com bainha de 2,4-3,4cm compr., 0,9-1,9cm diâm.; pecíolo subnulo; lâmina oblanceolada ou elíptica, glabra, 9,6-34,9cm compr., 2,5-12,2cm larg., ápice acuminado, base cuneada a arredondada, margem inteira. Inflorescência em tirso denso, simples e curto, multifloro; pedúnculo 2,2-9,2cm compr.;

brácteas estreito-lanceoladas, planas, ápice longamente acuminado, na base da inflorescência, não a envolvendo, 0,9-4,4cm compr., 0,2-0,6cm larg. Flores com pedicelo de 0,4-2,9cm compr.; sépalas 4,0-8,0mm compr., 2,5-4,0mm larg., externamente violetas, internamente lilases; pétalas orbiculares a ovais, azuis, roxas ou vináceas, ca. 8,0mm compr., 5,0mm larg., base estreita e alongada; estames 5, anteras rimosas; ovário 3-locular, 2 óvulos por lóculo.

Observações: Ocorre em quase todo litoral brasileiro do Rio Grande do Sul à Paraíba. Na Ilha do Cardoso cresce à margem de rios, morros e nas proximidades do Centro de Pesquisas. O caule mastigado é usado como remédio para tosse (Barros et al. 1522).

Material examinado: F. Barros 766, fl., próximo ao prédio da administração, 17-VIII-1982 (SP); F. Barros et al. 1522, fl., morro das Almas, 6-IX-1988 (SP); A. Custodio Filho et al. 908, fl., Sítio Grande, 20-24-IX-1982 (SP); A. Custodio Filho et al. 919, fl., Sítio Grande, 20-24-IX-1982 (SP); S. Ferreira 315, fl., 28-XI-1990 (SP); E. Forero et al. 8611, fl., fr., próximo ao laboratório, 8-X-1980 (SP); E. Forero et al. 8700, fl., morro Jacareú, 9-X-1980 (SP); D.A. De Grande & E.A. Lopes 133, fl., Sítio Grande, 24-X-1978 (SP); D.A. De Grande & E.A. Lopes 135, fl., Sítio Grande, 24-X-1978 (SP); D.A. De Grande & E.A. Lopes 150, fl., Cachoeira Grande, 28-X-1978 (SP); D.A. De Grande et al. 51, fl., Centro de Pesquisas, 16-III-1978 (SP); M. Kirizawa 2110, fl., morro das Pedras, 23-XI-1988 (SP); M. Kirizawa et al. 803., fl., Sítio Grande, 22-IX-1982 (SP); C.F.S. Muniz et al. 210, fl., morro Jacareú, 9-X-1980 (SP); C.F.S. Muniz 448, fl., 27-X-1982 (SP); C.F.S. Muniz 507, fl., sítio do Cardoso, 13-XII-1983 (SP); C.F.S. Muniz 512, fl., morro Canjoca, 14-XII-1983 (SP); C.F.S. Muniz 517, fl., morro Canjoca, 14-XII-1983 (SP); C.F.S. Muniz 519, fl., morro Canjoca, 14-XII-1983 (SP); M. Sugiyama et al. 815, fl., praia de Tapera, 24-X-1989 (SP); M. Sugiyama & E. Piacentin 1117, fl., morro Três Irmãos, 8-XII-1992 (SP).

Gibasis Rafin.

1. *Gibasis geniculata* (Jacq.) Rohweder, Abh. Geb. Auslandsk. 61(18):143. 1956.

Basiônimo: *Tradescantia geniculata* Jacq., Select. Stirp. Amer. p.94, t. 64. 1763.

Fig. 11-13.

Erva. Ramos prostrados, tricomas estrigosos concentrados em um dos lados, ca. 60,0cm compr.; internós 3,0-6,2cm compr. Folhas com bainhas sésseis, 0,4-1,1cm compr., 0,2-0,6cm diâm.; lâmina lanceolada, 2,4-9,4cm compr., 0,8-2,3cm larg., ápice agudo a acuminado, base cuneada, margem inteira, face adaxial glabrescente, face abaxial com muitos tricomas, principalmente nas bordas. Inflorescência em dicásio composto, multiflora; pedúnculo 2,0-4,1cm compr., tricomas simples e esparsos; brácteas semelhante às folhas, planas, na base da inflorescência, não a envolvendo, decrescendo em direção ao ápice. Flores com pedicelo de 0,4-0,7cm compr.; sépalas ovais, 2,0-2,5mm compr. 0,5-1,0mm larg.; pétalas ovais a elípticas, brancas, 2,0-2,5mm compr., ca. 1,0mm larg.; estames 6, filetes com longos tricomas, anteras rimosas; ovário 3-locular, 2 óvulos por lóculo.

Observações: Apresenta ampla distribuição no Brasil, sendo referida também para outros países da América do Sul, como Venezuela e Paraguai.

Material examinado: M. Sugiyama & M. Kirizawa 753, fl., sítio do Sr. Laurindo, 17-V-1988 (SP).

Material adicional examinado: M. Kirizawa & S.A.C. Chiea 2343, fl., fr., São Paulo, Cubatão, 5-VI-1990 (SP); S. Romaniuc Neto et al. 1080, fr., São Paulo, Moji-Guaçu, Martinho Prado, 11-V-1988 (SP).

Tripogandra Rafin.

1. *Tripogandra diuretica* (Mart.) Handlos, Rhodora 77:259. 1975.

Basiônimo: *Tradescantia diuretica* Mart., In Spix & Martius, Reise in Brasilien p.281. 1823.

Fig. 8-10.

Erva, ca. 40,0cm alt. Ramos com tricomas curtos e esparsos; internós 2,0-9,6cm compr. Folhas com bainhas sésseis, 0,7-1,6cm compr., 0,2-0,5cm diâm.; lâmina elíptica a lanceolada, glabra, 2,2-10,6cm compr., 1,2-1,9cm larg., ápice agudo a acuminado, base assimétrica, parte arredondada e parte cuneada, margem inteira, ondulada. Inflorescência umbeliforme, glabra, multiflora; pedúnculo 3,1-6,2cm compr., brácteas escariosas, decorrentes, planas, na base da inflorescência, não a envolvendo, 0,2-0,9cm compr., 0,1-0,4cm larg. Flores com pedicelo de 0,3-1,2cm compr.; sépalas com base verde, tornando-se lilás em direção ao ápice, 6,0-7,0mm compr., 1,0-2,0mm larg.; pétalas obovais a elípticas, rosadas, lilazes ou róseo-arroxeadas, 5,0-8,0mm compr., 2,0-4,0mm larg.; estames 3, filetes com tricomas concentrados próximo à antera, anteras rimosas, estaminódios 3, filetes dos estaminódios glabros; ovário 3-locular, 2 óvulos por lóculo.

Observações: Ocorre em todo o Brasil. Na Ilha do Cardoso pode ser encontrada em morros, próxima ao Centro de Pesquisa e na restinga.

Material examinado: D.A. De Grande & E.A. Lopes 66, Centro de pesquisas, 6-IV-1978 (SP); L.S.R. Duarte 36, fl., restinga do Pereirinha, 29-IV-1982 (SP); M. Goes 64, fl., fr., 6-IV-1978 (SP); M. Kirizawa et al. 965, mata dos Andradas, 19-IV-1983 (SP); M. Kirizawa & M. Sugiyama 2048, fl., fr., morro Tajuba, 18-V-1988 (SP); M. Kirizawa 2622, morro de captação de água, 21-V-1992 (SP); M.M.R.F. Melo 293, fl., 10-III-1982 (SP).

BIBLIOGRAFIA

Bacigalupo, N.M. 1964. Estudio de las Commelinaceae argentinas. Darwiniana 13(1):87-103.

Barreto, R.C. 1997. Levantamento das espécies de Commelinaceae R. Br. nativas do Brasil. Tese de Doutorado, Universidade de São Paulo. 490p.

Barros, F.; Melo, M.M.R.F.; Chiea, S.A.C.; Kirizawa, M.; Wanderley, M.G.L. & Jung-Mendaçolli, S.L. 1991. Caracterização geral da vegetação e listagem das espécies ocorrentes. In Flora Fanerogâmica da Ilha do Cardoso (Melo, M.M.R.F.; Barros, F; Wanderley, M.G.L.; Kirizawa, M.; Jung-Mendaçolli, S.L. & Chiea, S.A.C. eds.). São Paulo: Instituto de Botânica, v.1, 184p.

Bono, G. 1996. Flora y vegetacion del estado Táchira Venezuela. Museo Regionale di Scienze Naturali. Torino: Fonzo & C. ed. 951p.

Brenan, J.P.M. 1966. The Classification of Commelinaceae. Botanical Journal of the Linnean Society 59:349-370.

Croat, T.B. 1978. Flora of Barro Colorado Island. Stanford: Stanford University Press, 943p.

Edwards, S. 1922. *Dichorisandra thyrsiflora*. Botanical Register 8:682.

Faden, R.B. & Hunt, D.R. 1988. Subfamilies, tribes, and subtribes of Commelinaceae. American Journal of Botany 75(6 / part 2):173-174.

Faden, R.B. & Hunt, D.R. 1991. The Classification of the Commelinaceae. Taxon 40:19-31.

Hunt, D.R. 1986. A revision of *Gibasis* Rafin. Kew Bulletin 41:107-129.

Muniz, C. & Kirizawa, M.1981. Flora Fanerogâmica do Parque Estadual Fontes do Ipiranga (São Paulo, Brasil): Commelinaceae. Hoehnea 9:125-127.

Seubert, M. 1855. Commelinaceae. In Flora Brasiliensis. (Martius, C.F.P.; Eichler, A.G & Urban, I. eds.) 3(1):233-270.

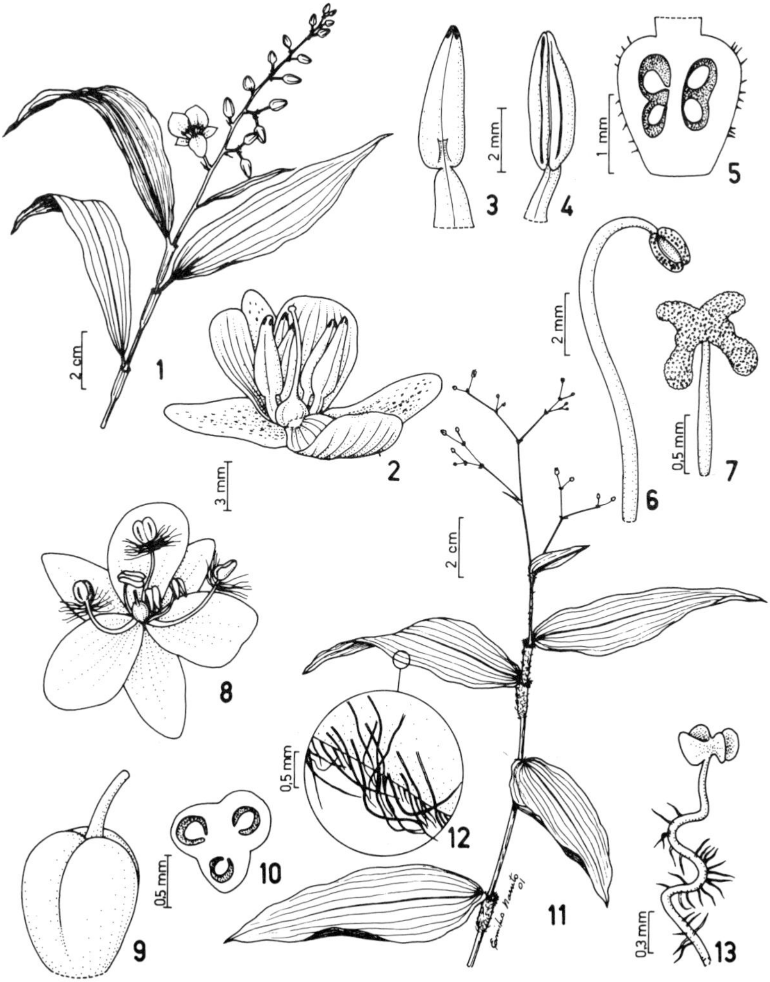

Fig. 1-3: *Dichorisandra pubescens* Mart. 1: ramo com inflorescência; 2: flor; 3: estame, destacando a antera poricida. Fig. 4-5: *Dichorisandra thyrsiflora* J.C. Mikan. 4: estame, destacando a antera rimosa; 5: corte longitudinal do ovário. Fig. 6-7: *Commelina erecta* L. 6: estame; 7: estaminódio. Fig. 8-10: *Tripogandra diuretica* (Mart.) Handlos. 8: flor; 9: ovário; 10: ovário em corte transversal. Fig. 11-13: *Gibasis geniculata* (Jacq.) Rohweder. 11: ramo com inflorescência; 12: detalhe da margem da folha destacando os tricomas longos e delgados; 13: estame.

FLORA FANEROGÂMICA DA ILHA DO CARDOSO (SÃO PAULO, BRASIL) Cyperaceae[1]

Celi Muniz [2]

Ervas monóicas, perenes ou anuais, glabras ou escabrosas, muitas vezes rizomatosas ou estoloníferas, aquáticas ou terrestres; raízes fibrosas; caules centrais, raramente laterais, solitários, cespitosos, trígonos ou cilíndricos. Folhas basais e/ou caulinares, as inferiores muitas vezes reduzidas à bainha; bainhas freqüentemente fechadas, raramente abertas; lígula presente ou ausente; lâminas linear-lanceoladas, conduplicadas, plicadas ou involutas. Inflorescência terminal, raramente pseudolateral, em panículas, corimbos, espigas, antelas ou capitadas, muitas vezes em combinações, raramente reduzidas a uma simples espiga; prófilos presentes ou ausentes, brácteas comumente semelhantes às folhas; espiguetas com 1 ou muitas glumas, imbricadas dísticas ou em espiral; ráquis persistente ou decídua; flores uni ou bissexuais; perianto ausente ou representado por 1-2 séries de cerdas retrorsamente escabrosas, mais raramente por esquamelas ou lâminas setiformes ou escamosas, estas, menores ou maiores que o fruto, freqüentemente decíduas e raramente persistentes na ráquis; estames (1-2)-3, filetes semelhantes a fitas ou capilares, algumas vezes acrescentes após a antese, raramente conados; anteras basifixas, introrsas, elípticas, oblongas, lineares; ovário súpero, 3-carpelar, 1-locular, óvulo 1, basal; estigmas inteiros ou 2-3-fidos, capilares, glabros ou pubescentes. Fruto aquênio, trígono, lenticular, hemisférico, elíptico-oblongo ou globoso a

1. Trabalho elaborado como parte do levantamento florístico apresentado por Barros et al. (1991).

2. Instituto de Botânica, Caixa Postal 4005, 01061-970 São Paulo, SP, Brasil.

obovado, às vezes sustentado por estrutura cupuliforme (hipogíneo); superfície lisa, papilosa, verrucosa ou tuberculada, rostro aplanado, cônico, piramidal.

Família cosmopolita, com cerca de 104 gêneros e 5.000 espécies de valor econômico limitado e freqüentemente de uso regional restrito (Goetghebeur, 2001; Simpson & Inglis, 2001). Está representada na Ilha do Cardoso por 14 gêneros e 37 espécies, das quais 29% são empregadas de forma peculiar por diferentes povos.

CHAVE PARA OS GÊNEROS

1. Flores unissexuais .... *Scleria*
1. Flores bissexuais
   2. Glumas dispostas espiraladamente
      3. Flores com 2(-3) esquamelas .... *Hypolytrum*
      3. Flores sem esquamelas
         4. Aquênios com rostro
            5. Inflorescência em espiga terminal, solitária; brácteas ausentes .... *Eleocharis*
            5. Inflorescência antelada, paniculada, capitada, corimbosa; brácteas presentes
               6. Perianto com cerdas plumosas .... *Pleurostachys*
               6. Perianto com cerdas não plumosas ou ausentes .... *Rhynchospora*
         4. Aquênios sem rostros
            7. Caules 5-angulares .... *Fuirena*
            7. Caules 3-angulares ou cilíndricos
               8. Folhas basais; estilete fimbriado .... *Fimbristylis*
               8. Folhas basais e/ou caulinares ou somente basais; estilete não fimbriado

9. Aquênio ovóide-globoso, 1,7-2,0mm compr., castanho escuro, superfície rugosa com nervuras; hipogíneo não ciatiforme e não adnado ao fruto .... *Cladium*
9. Aquênio hemisférico, 2,0-3,5mm diâm., alvo, superfície lisa com linhas indeléveis ou papilosa; hipogíneo ciatiforme adnado ao fruto ...... *Becquerelia*

2. Glumas dispostas disticamente
 10. Estames acrescentes após a antese ... *Androtrichum*
 10. Estames não acrescentes após a antese
  11. Fruto protegido por utrículo .... *Calyptrocarya*
  11. Fruto não protegido por utrículo
   12. Estigma 3-fido; aquênio trígono .... *Cyperus*
   12. Estigma 2-fido; aquênio lenticular
    13. Ráquis articulada; glumas persistentes .... *Kyllinga*
    13. Ráquis não articulada; glumas decíduas .... *Pycreus*

Androtrichum (Brongn.) Brongn.

1. *Androtrichum trigynum* (Spreng.) Pfeiffer, Repert. Spec. Nov. Regni Veg. 42:10. 1937.

Basiônimo: *Cyperus trigynus* Spreng., Syst. Veg. 1: 216. 1825.

Sinônimos: *Androtrichum policephalum* (Brongn.) Kunth, Enum. Pl. p.250. 1837.

Androtrichum montevidense Pfeiffer, Repert. Spec. Nov. Regni Veg. 29:174. 1931.

Erva perene, rizomatosa. Caule cilíndrico, seriado, glabro, 40,0-75,0cm alt., ca. 1,5mm diâm.; bainhas 3-4, áfilas, vináceas; brácteas 1-4, rígidas, coriáceas, multinervadas, ápice acuminado, a inferior ca. 9,0cm compr. Inflorescência pseudolateral, em antela composta com 8-10 raios de comprimento variável, rígidos, cada raio sustentando uma cabeça semi-esférica de 7,0-11,0mm diâm., formada por vários fascículos de espiguetas elípticas, comprimidas, 5,0-7,0mm compr., 3,0-4,0mm larg.; glumas dísticas, vináceas, naviculares, carenadas, 3,0-4,0mm compr., ápice agudo, mucronado. Flores bissexuais; estames 3, acrescentes após a antese, filetes flexuosos, hialinos, alvos, exsertos, dando aspecto de algodão à inflorescência; estilete persistente, estigma profundamente 3-fido. Aquênio elipsóide, trígono, castanho, ca. 1,0mm compr., ca. 0,25mm larg., com um pequeno anel em sua base, onde estão inseridos os estames acrescentes.

Observações: Espécie muito comum nas dunas litorâneas do Brasil, Argentina e Uruguai. No Brasil, há registros para os Estados de Santa Catarina e Paraná. Na Ilha do Cardoso é freqüente a sua ocorrência em solos encharcados próximo à praia e restinga. Com estas coletas provenientes da Ilha do Cardoso, amplia-se a distribuição da espécie para o Estado de São Paulo.

Material examinado: F. Barros 2336, fl., 30-X-1991 (SP); S. Ferreira 332, fl., fr., 18-XII-1990 (SP); M. Fonseca 488, fl., fr., Marujá, 20-X-1981 (SP); E. Forero et al. 8522, fl., 7-X-1980 (SP); C. Muniz 469, fl., 24-XI-1982 (SP); M.G.L. Wanderley 246, fl., próximo ao rio Jacareú, 10-X-1980 (SP).

Becquerelia Brongn.

Ervas perenes, cespitosas, com rizoma rasteiro. Caule ereto, trígono, 0,2-1,5m alt., com numerosos nós. Folhas basais, espiraladas, coriáceo-rígidas, planas, lineares, 3-nérveas, vinosas, ápice obtuso, margem escabrosa. Inflorescência cimoso-paniculada, terminal e lateral, simples ou composta; brácteas foliosas. Flores sem esquamelas; espiguetas bissexuais; glumas membranáceas, dispostas em espiral, as 5-6 inferiores com espiguetas estaminadas e as 6-7 superiores com espiguetas pistiladas; estames 1-2; estilete não fimbriado, estigma 3-fido; hipogíneo ciatiforme, adnado à base do aquênio. Aquênio hemisférico alvo, liso, rugoso ou papiloso, sem rostro.

Gênero com distribuição geográfica na Nicarágua, Costa Rica, Panamá, Colombia, Suriname, Guiana Francesa, Equador, Peru e Brasil. São conhecidas 5 espécies, 4 das quais ocorrem no Brasil.

CHAVE PARA AS ESPÉCIES

1. Aquênio hemisférico, 3,0-3,5mm diâm., superfície lisa com 3 linhas indeléveis .... 1. *B. cymosa*
1. Aquênio subgloboso, ca. 2,0mm diâm., superfície papilosa .... 2. *B. muricata*

1. *Becquerelia cymosa* Brongn., in Duperrey Voy. Monde Bot. Phanér. 2:161. 1829.

Sinônimos: *Becquerelia verruculosa* Nees, in Mart. Fl. Brasil. 2(1):191. 1842.

Scleria cymosa (Brongn.) Böckeler, Vidensk. Medd. Dan. Naturhist. Forening 1869:155. 1870.

Erva perene, cespitosa. Caule ereto, trígono, rígido, 0,4-1,5m alt. Folhas 1,2-1,5m compr., 5,0-20,0cm larg.; bainhas 5,0-12,0cm compr. Inflorescência composta de 3-7 panículas; pedúnculos 4,0-8,0cm compr., em geral pareados, exsertos; brácteas foliáceas, 0,6-1,1m compr., 0,8-2,5cm larg., a bráctea basal dotada de bainha com 1,0-5,0cm compr.; espigas solitárias ou reunidas em 2 a 3, pedicelo 5,0mm compr., densamente híspido. Espiguetas estaminadas com 1 estame; espiguetas pistiladas com glumas cuspidado-mucronadas; hipogínio cartilaginoso, 3-lobado, amarelo. Aquênio hemisférico, 3,0-3,5mm diam., cor marfim, manchado de castanho próximo ao ápice, superfície lisa com três linhas indeléveis divergentes desde o ápice.

Observações: No Brasil, *B. cymosa* havia sido citada, até o momento, somente para o Estado de Santa Catarina. Em São Paulo foi encontrada na Ilha do Cardoso crescendo em solos de mata de encosta.

Material examinado: C.F.S. Muniz et al. 184, fl., 7-X-1989 (SP); C.F.S. Muniz et al. 208, fl., 8-X-1980 (SP); C. F.S. Muniz et al. 209, fl., 8-X-1980 (SP); C.F.S. Muniz et al. 222, fr., morro Jacareú, 9-X-1980 (SP); E. Forero et al. 8770, fr., morro da Captação, em direção ao morro dos Três Irmãos, 10-X-1980 (SP); M.C.H. Mamede & R. Andreata 95, fr., morro Jacareú, 18-X-1988 (SP); M. Kirizawa et al. 1774, fr., morro do Cardoso, 14-X-1986 (SP); S.L. Jung-Mendaçolli 525, fr., morro à direita das turbinas, 19-VIII-1982 (SP); S. Romaniuc Neto 275, fr., morro da Captação, 10-VII-1985 (SP).

2. *Becquerelia muricata* Nees in Mart., Fl. Bras. 2(1):192. 1842.

Sinônimo: *Scleria muricata* (Nees) Böckeler, Linnaea 38:540. 1874.

Erva perene, cespitosa. Caule ereto, trígono, liso, ca. 1,2m alt. Folhas ca. 1,5m compr., 2,5cm larg.; bainha ca. 5,0cm compr. Inflorescência formada por 7 panículas; pedúnculos 5,0-10,0cm compr., às vezes geminados, híspidos ou escabrosos; brácteas foliáceas 6,0-7,7cm compr., 0,3-2,8cm larg., a bráctea basal dotada de bainha com 1,0-5,0cm compr. Espiguetas reunidas nas extremidades; glumas com carena verde, margem curtamente ciliada; espiguetas estaminadas com 1 estame, glumas ca. 0,2cm compr.; espiguetas pistiladas com glumas ca. 0,4cm compr.; hipogíneo aneliforme, castanho. Aquênio subgloboso, ca. 2,0mm diâm., superfície papilosa, papilas com as pontas encurvadas para cima, apículo ca. 0,5mm compr.

Observações: Espécie conhecida somente no leste do Brasil, do Rio de Janeiro a Santa Catarina. Na Ilha do Cardoso foi encontrada em mata de encosta, à beira de picada.

Material examinado: M. Kirizawa & M. Sugyiama 2035, fr., morro Pedro Luiz, 17-V-1988 (SP).

Material adicional examinado: R.B. Torres et al. 638, fr., São Paulo, Pariquera-Açu, IX-1998 (IAC); H. Luederwaldt s.n., fr., São Paulo, Santos XII-1910 (SP 20156).

Calyptrocarya Nees

1. *Calyptrocarya glomerulata* (Brongn.) Urban., Symb. Antill. 2:169. 1900.

Basiônimo: *Becquerelia glomerulata* Brongn. in Duperrey, Voy. Monde Phan. 2:163. 1833.

Erva cespitosa. Caule aéreo central glabro, liso, 7,0-50,0cm compr., com nós vináceos de onde partem as inflorescências. Folhas basais, 20,0-53,0cm compr., 0,4-0,7cm larg.; bainhas vináceas. Inflorescência em 2-6 corimbos; pedúnculos ca. 3,0cm compr.; brácteas foliáceas, as inferiores 3-nérveas, 8,0-50,0cm compr., 0,2-0,8cm larg., ápice acuminado, margem levemente escabrosa; bainha ca. 5,0cm compr. Espiguetas com flores bissexuais; glumas naviculares vinosas, dispostas dísticamente; estame 1, não acrescente após a antese; estigma 2-fido. Aquênio ovóide, alvo, pubescente ou glabro, ca. 1,0mm compr., 0,9mm larg., protegido por utrículo apiculado, hialino, piloso, apículo ca. 0,1mm compr.

Observações: Espécie distribuída na América Central e na América do Sul. No Brasil ocorre nos Estados de Santa Catarina, São Paulo, Mato Grosso, Pará, Amazonas e Amapá.

Na Ilha do Cardoso foi encontrada em área de mata pluvial de encosta úmida.

Material examinado: S.A.C. Chiea 408, morro dos Andradas, 18-III-1986 (SP); M.M.R.F. Melo et al. 575, Ipanema, 4-XII-1985 (SP); C. Muniz 352, fr., III-1981 (UEC).

Cladium P. Browne

1. *Cladium jamaicense* Crantz, Inst. Rei Herb. 1:362. 1766.

Sinônimo: *Cladium mariscus* (L.) Pohl subsp. *jamaicense* (Crantz) Kükenth., Repert. Spec. Nov. Regni Veg. 40(1):523. 1938.

Erva perene. Caule solitário, cilíndrico, 0,7-1,2m alt., dotado de muitos nódulos. Folhas caulinares, lineares, coriáceas, 40,0-70,0cm compr., 8,0-12,0mm larg., ápice caudado, margem fortemente escabrosa; bainhas mais curtas que os entrenós. Inflorescência 30,0-50,0cm compr., com um corimbo terminal e 5-9 corimbos laterais; corimbos pedunculados, 4,0-6,0cm compr.; brácteas foliáceas. Flores sem esquamela; espiguetas 4-10, congestas, oval-elípticas; glumas 6-8, espiraladas, ovais, ápice obtuso ou subagudo, decrescendo em tamanho acropetalamente, as inferiores vazias, as superiores com duas flores bissexuais, onde apenas uma flor produz um único fruto; estames 2, antera linear, conectivo cônico, vinoso; estilete não fimbriado, estigma 3-fido; hipogíneo não ciatiforme, não adnado ao aquênio. Aquênio ovóide-globoso, castanho-escuro, 1,7-2,0mm compr., ápice apiculado, sem rostro, superfície rugosa, com nervuras.

Observações: Esta espécie ocorre em regiões tropicais e subtropicais das Américas do Norte e do Sul, nas margens de lagos e lagoas, como também em áreas inundadas. No Brasil é citada para os Estados de Santa Catarina e Paraná. Foi encontrada na Ilha do Cardoso em solo úmido e arenoso, sendo esta a primeira citação para o Estado de São Paulo.

Material examinado: C. Muniz 471, próximo ao alojamento, 24-XI-1982 (SP); J.R. Pirani et al. 2031, 4-XII-1987 (SP, SPF).

Material adicional examinado: W. Hoehne 3968, fl., São Paulo, Santos, próximo a Cubatão, 3-XII-1956 (SP).

Cyperus L.

Ervas anuais ou perenes, cespitosas, geralmente rizomatosas, raramente estoloníferas. Caule trígono, raramente cilíndrico, base folhosa. Folhas algumas vezes reduzidas à bainha, margem geralmente escabrosa, com setas antrorsas. Inflorescência raramente pseudolateral, antelada a capitada; brácteas involucrais foliáceas. Espiguetas bissexuais, comprimidas ou sub-cilíndricas, em espigas ou digitadas nas extremidades dos raios, podendo ter poucas ou muitas flores; glumas dísticas, 3-nérveas, 1-2-carenadas, alternando com a ráquis persistente ou caduca, ereta ou flexuosa, alada ou sem ala, com um prófilo adaxial e uma bractéola abaxial; flores bissexuais; estames 1-3, não acrescentes após a antese; estigma (2-)3-fido. Aquênio trígono, elíptico a obovado, linear-oblongo ou dorsiventralmente pouco comprimido, raramente estipitado, não protegido por utrículo, ápice apiculado, superfície geralmente pontuada, às vezes lisa, raramente granular.

Gênero com cerca de 650 espécies, em geral cosmopolitas.

CHAVE PARA AS ESPÉCIES

1. Estames 3
   2. Antera com o conectivo prolongado em múcron espinhoso .... 2. *C. diffusus*
   2. Antera com o conectivo não prolongado em múcron espinhoso
      3. Raquis articulada

4. Inflorescência em 4-8 espigas oblongas ou elipsóides, sésseis .... 1. *C. aggregatus*
4. Inflorescência em antela composta de 9-12 raios patentes .... 6. *C. odoratus*
3. Raquis não articulada
5. Glumas 1,8-2,0mm compr., múticas; base do aquênio sem estipe .... 3. *C. distans*
5. Glumas 3,5-4,0mm compr., dotadas de múcron subapical; base do aquênio com estipe .... 7. *C. prolixus*
1. Estame 1
6. Espigueta linear-lanceolada; ráquis alada; aquênio obovóide, 1,1-1,4mm compr., 0,7-0,8mm larg. .... 4 *C. eragrostis*
6. Espigueta oval; ráquis não alada; aquênio oblongo a ovóide, ca. 1,0mm compr., 0,2-0,3mm larg. .... 5. *C. luzulae*

1. *Cyperus aggregatus* (Willd.) Endl., Cat. Horti Vindob. 1:93. 1842.

Basiônimo: *Mariscus aggregatus* Willd., Enum. Pl. 1:70. 1809.

Sinônimo: *Cyperus cayennensis* (Lam.) Britton, Bull. Dept. Agr. Jamaica 5(1):8. 1907.

Erva perene. Caule liso, 15,0-60,0cm alt. Folhas 2,0-6,0mm larg., levemente escabrosas na margem e na nervura central. Inflorescência em 4-8 espigas oblongas ou elipsóides, sésseis; brácteas involucrais 5-8, patentes horizontalmente ou deflexas. Espiguetas numerosas, densamente agrupadas, oblongo-lanceoladas, 4,0-5,5mm compr., ápice agudo; ráquis não articulada, com alas hialinas; glumas inferiores 2, estéreis, a inferior com um apêndice setiforme escabroso; estames 3, antera linear, conectivo não prolongado em múcron espinhoso. Aquênio obtusamente trígono, pardo, 1,5-1,9mm compr., 0,7-0,8mm larg., ápice apiculado, base subestipitada, superfície finamente pontilhada.

Observações: Espécie das Américas do Norte, Central e do Sul. No Brasil ocorre desde o Amazonas até o Rio Grande do Sul. A espécie foi coletada na areia da praia na Ilha do Cardoso.

Material examinado: A. Custodio Filho 499, fr., próximo ao Centro de Pesquisas, 12-XII-1980 (SP); C.F.S. Muniz et al. 186, fr., próximo ao centro de pesquisas, 8-X-1980 (SP); C.F.S. Muniz et al. 188, fr., 8-X-1980 (SP); C.F.S. Muniz et al. 224, fr., praia do Pereirinha, 10-X-1980 (SP).

2. *Cyperus diffusus* Vahl., Enum. Pl. 2:321. 1806.

Erva perene. Caule ereto, rígido, 20,0-40,0cm alt., 2,0-3,0mm larg. Folhas 5,0-10,0mm larg., lâmina filiforme, escabrosa. Inflorescência em antela composta de 8-12 raios, de comprimento desigual, os maiores 7,0-8,0cm compr., terminado em uma antela de segunda ordem, com 3-4 raios, os quais se subdividem em raios curtos com 1-2 espiguetas; brácteas involucrais 7-10, de comprimento desigual, a maior, 15,0-18,0cm compr. Espiguetas sésseis, linear-oblongas, 5,0-10,0mm compr., 1,5-2,5mm larg.; ráquis com alas estreitas; glumas ovais, 2,2-2,5mm compr., ca. 1,3mm larg., dorso com 9-11 nervuras proeminentes em múcron conspícuo, triangular; estames 3, antera linear, com o conectivo prolongado em múcron espinhoso. Aquênio obovóide, trígono, faces côncavas, ca. 1,5mm compr., 1,0mm larg., castanho-escuro, ápice curtamente apiculado, base estreita, superficie lisa.

Observações: Espécie das regiões tropicais da Asia, África e América do Sul. No Brasil ocorre nos Estados do Pará, Maranhão, Pernambuco, Bahia, Rio de Janeiro, Mato Grosso, São Paulo e Santa Catarina. Na Ilha do Cardoso, a coleta foi efetuada em área de mata de encosta.

Material examinado: C.F.S. Muniz et al. 201, fr., 8-X-1980 (SP); C.F.S. Muniz et al. 212, morro do Jacareú, 9-X-1980 (SP).

3. *Cyperus distans* L.f., Suppl. Pl. p.103. 1782.

Erva perene. Caule dilatado na base, plurifoliado, liso, 30,0-90,0cm alt. Folhas mais curtas que o caule, planas, conduplicadas, 4,0-6,0mm larg., margem escabroso-denticulada. Inflorescência em antela composta, laxa, 4-12 raios desiguais, lisos, obliquamente patentes, até 18,0cm alt., raios secundários 8,0cm alt.; brácteas involucrais 4-8, patentes; ráquis flexuosa, alada, não articulada; espigas ovais, com espiguetas laxas; glumas elípticas, membranáceas, múticas, com 3-5 nervuras, 1,8-2,0mm compr., ápice obtuso, dorso verde e laterais sanguíneas; estames 3, antera linear, conectivo não prolongado em múcron espinhoso; estigmas 3. Aquênio oblongo, trígono, castanho-nigrescente, ca. 1,6mm compr., 0,5mm larg., ápice apiculado, base sem estipe, superfície pontilhada.

Observações: Espécie pantropical, ocorrendo no Brasil desde o Amazonas até Santa Catarina. Segundo Simpson & Inglis (2001), rizomas, caule e folhas são utilizados pelos habitantes da África, na alimentação humana e de rebanhos, como também na medicina popular.

Material examinado: C.F.S. Muniz et al. 185, fr., 8-X-1980 (SP).

Material adicional examinado: H. Luederwaldt s.n., fr., São Paulo, Piassaguera, I-1911 (SP9321); J. Roombouts 5037, fr., Bahia, Água Preta, 27-VII-1936 (SP).

4. *Cyperus eragrostis* Lam., Tabl. Encycl. 1:146. 1791.

Erva com rizoma cespitoso. Caule liso, 15,0-65,0cm alt. Folhas 3-6, 4,0-8,0mm larg., margem escabrosa. Inflorescência em antela mais ou menos desenvolvida, às vezes contraída, raios 7-9, até 10,0cm alt., raios secundários dispostos em corimbos, às vezes contraídos em glomérulos; brácteas involucrais 5-9, ereto-patentes, a inferior até 35,0cm compr. Espiguetas linear-lanceoladas, levemente comprimidas, com 18-32 flores, 11,0-15,0mm compr., 2,0-2,5mm larg.; ráquis alada; glumas patentes, oval-lanceoladas, 2,1-2,5mm compr., carena verde; estame 1. Aquênio obovóide, triangular, castanho, 1,1-1,4mm compr., 0,7-0,8mm larg., ápice apiculado, base delgada, fortemente estipitada.

Observações: Espécie americana introduzida e aclimatada no sul da Europa (Barros, 1960). No Brasil tem sido citada apenas para os Estados de Santa Catarina e Rio Grande do Sul. Encontrada em solos arenosos e úmidos na Ilha do Cardoso. *C. eragrostis* é erva daninha, invasora de diversas culturas como arroz, soja e pastagens; em seu uso como ornamental, é muitas vezes confundida e vendida como *C. papyrus* L. (Simpson & Inglis, 2001).

Material examinado: E. Forero et al. 8521, fr., 7-X-1980 (SP); C.F.S. Muniz et al. 191, fr., próximo ao Centro de Pesquisas, 8-X-1980 (SP); C.F.S. Muniz et al. 197, fr., próximo ao Centro de Pesquisas, 8-X-1980 (SP); C.F.S. Muniz et al. 198, fr., próximo ao Centro de Pesquisas, 8-X-1980 (SP).

5. *Cyperus luzulae* (L.) Retz, Obser. Bot. 4:11. 1786.

Basinônimo: *Scirpus luzulae* L., Syst. Nat., ed.10, 2:868. 1759.

Erva perene. Caule liso, trígono, 20,0-60,0cm alt. Folhas 5-6, 3,0-5,0mm larg., margem lisa. Inflorescência em antela simples, com 6-12 raios, com uma cabeça cônico-ovóide na extremidade, formada pela união de vários fascículos de espiguetas; brácteas involucrais 7-12, ereto-patentes, 5,0-50,0cm compr. Espiguetas ovais, comprimidas, numerosas, 3,0-4,0mm compr., 1,5-2,0mm larg.; ráquis persistente, sem alas; glumas naviculares, decíduas, espiculadas, ca. 1,5mm compr., superfície reticulada, carena verde; estame 1.

Aquênio oblongo a ovóide, obtusamente triangular, ca. 1,0mm compr., 0,2-0,3mm larg., castanho, ápice gradualmente atenuado, base estipitada.

Observações: Espécie da América tropical e subtropical que vegeta em beiradas de rios e em lugares úmidos. No Brasil ocorre nos Estados do Maranhão, Pernambuco, Bahia, Rio de Janeiro, Minas Gerais, Mato Grosso, São Paulo, Paraná e Santa Catarina. O ápice atenuado do aquênio é muito característico desta espécie (Barros, 1960). No Brasil é uma forrageira de qualidade inferior e também planta invasora de grandes culturas (Pio-Corrêa, 1926). Os Shipibo-Conibo utilizam os rizomas amassados como afrodisíaco ou misturados com o genipapo (*Genipa americana* L.), no tratamento das desordens dos tecidos celulares subcutâneos (Simpson & Inglis, 2001).

Material examinado: A. Custodio Filho 572, trilha de captação de água, 25-II-1981 (SP); C.F.S. Muniz et al. 221, fr., morro do Jacareú, 9-X-1980 (SP); C.F.S. Muniz 524, fl., fr., estrada da captação, 15-XII-1983 (SP).

6. *Cyperus odoratus* L., Sp. Pl. 1:46. 1753.

Sinônimos: *Torulinium odoratum* (L.) Hooper, Kew Bull. 26:579. 1972.

Cyperus ferax L.C. Rich., Act. Soc. Hist. Nat. Paris 1:106. 1792.

Erva cespitosa. Caule trígono, 20,0-80,0cm alt., 2,5-3,0mm larg., dilatado na base. Folhas menores que o caule, planas, membranáceas, 4,0-10,0mm larg., margem escabrosa; bainhas castanhas ou púrpuras. Inflorescência em antela composta de 9-12 raios patentes, os maiores 9,0-14,0cm compr., ramosos em sua extremidade, raios menores monostáquios; antelas secundárias com 4-6 raios patentes ou ereto-patentes, dispostas em espigas subdensas, lineares, cilíndricas, de 7,0-20,0mm compr., com 6-18 flores; brácteas involucrais 6-8, ascendentes, 5,0-60,0cm compr., 0,1-1,3cm larg. Espiguetas cilíndricas, 4,0-15,0mm compr., ca. 1,0mm larg.; ráquis articulada ao nível da inserção de cada gluma, dividindo-se, ao amadurecer, em fragmentos 1-nucígeros; alas corticiformes; glumas estéreis 2, a inferior prolongada em apêndice setiforme, na base das espiguetas; glumas nucígeras naviculares, elípticas, obtusas, com um pequeno múcron subapical, ca. 2,5mm compr., dorso com 7-9 nervuras verdes, as laterais castanhas, margem estreita; estames 3, antera com o conectivo não prolongado em múcron espinhoso; estigmas 3. Aquênio elipsóide-oblongo, obscuramente trígono, castanho ou negro, 1,6-1,8mm compr., 0,4-0,5mm larg., envolto no artículo da ráquis, ápice apiculado, superfície reticulada.

Observações: Por ser uma espécie pantropical e de regiões temperadas quentes é muito variável morfologicamente, tendo sido tratada, por diversos autores, como espécies, variedades ou sinônimos de *C. odoratus*. É reconhecida por apresentar espiguetas cilíndricas e ráquis com alas corticiformes (Tucker, 1984a). As fibras de *C. odoratus* são utilizadas na confecção de tapetes, e os rizomas amassados são utilizados como afrodisíaco, antiespasmódico e nos distúrbios estomacais (Simpson & Inglis, 2001).

Material examinado: C.F.S. Muniz & A. Custodio Filho 60, fr., 21-VIII-1979 (SP); C.F.S. Muniz & A. Custodio Filho 61, fr., 21-VIII-1979 (SP); C.F.S. Muniz & A. Custodio Filho 62, fr., 21-VIII-1979 (SP).

Material adicional examinado: L.G. Azevedo 13, fr., São Paulo, Andradina, estrada Três Lagoas-Andradina, 31-III-1965 (SP); G. Marinis 204, fr., São Paulo, São José do Rio Preto, na represa, 5-IV-1965 (SP).

7. *Cyperus prolixus* Kunth, in Humb., Bonpl. & Kunth, Nov. Gen. Sp. 1:206. 1815.

Erva perene. Caule trígono, 0,6-1,1m alt., 4,0-5,0mm larg.

Folhas 4-5, 6,0-14,0mm larg., margem escabrosa. Inflorescência em antela composta de 7-12 raios eretos, os mais longos até 30,0cm compr., 1,5-3,0mm larg., ramificados na sua extremidade em raios secundários e, estes, em terciários; brácteas involucrais 6-10, a inferior ca. 35,0cm compr., 3,0-5,0cm larg. Espiguetas reunidas em espigas de 3,0-5,0cm compr., linear-lanceoladas, com 7-10 flores; ráquis ca. 4,0cm compr., com alas; glumas oblongo-lanceoladas, decíduas, 3,5-4,0mm compr., 1,1-1,7mm larg., com carena dorsal, nervuras 5-7, ápice agudo, múcron subapical; estames 3; estilete 0,2-0,3mm compr. Aquênio trígono, linear-oblongo, castanho, 1,5-1,8mm compr., 0,5-0,6mm larg., superfície pontilhada, ápice levemente acuminado, base estipitada.

Observações: Espécie da América Central e das regiões tropicais e subtropicais da América do Sul. No Brasil, ocorre desde o Estado de Pernambuco até o Rio Grande do Sul. No Equador, Peru, Colômbia e Venezuela, utilizam o caule, folha e rizoma como fumo, com efeito medicinal em diferentes moléstias, em traumatismos ou desequilíbrios nutricionais e para acelerar o nascimento do bebê (Simpson & Inglis, 2001). Segundo Pio-Corrêa (1926), as fibras de *C. prolixus* são usadas na confecção de capas para garrafas, assentos de cadeiras e na fabricação de papel de ótima qualidade e os rizomas como contraceptivo e esterilizante.

Material examinado: C.F.S. Muniz 525, fr., estrada da captação, 15-XII-1983 (SP).

Material adicional examinado: G. Eiten & L. Eiten 2798, fr., São Paulo, Caraguatatuba, 20-III-1961 (SP).

Eleocharis R. Br.

Ervas perenes, raramente anuais, de hábitat bastante diversificado, desde plantas submersas, a emergentes, no litoral e em margens de rios. Caule ereto, 3-4-angular ou cilíndrico, sólido ou oco, algumas vezes com septos parenquimatosos. Folhas 1-4, lâminas ausentes; bainha presa à base do caule, com ápice rígido ou escarioso, algumas vezes apiculado. Inflorescência em espigueta terminal, solitária, brácteas ausentes. Espiguetas cilíndricas a ovais; glumas oval-elípticas, oval-oblongas, oblongo-lanceoladas, ovadas ou orbiculares, hialinas, membranáceas, rígidas ou coriáceas, decíduas ou persistentes, dispostas espiraladamente, nervuras ausentes ou presentes, proeminentes ou não; flores bissexuais, sem esquamelas; perianto com 3-8 cerdas ou estas ausentes, quando presentes, extrorsas, retrorsas, pilosas ou glabras, podendo ser persistentes na base do aquênio quando maduro; estames 3, estiletes com base bulbosa; estigma 2-3-fido. Aquênio lenticular, biconvexo ou trígono, ovóide, obovóide, obovóide-obpiriforme ou elipsóide, ápice coroado por um rostro cônico, piramidal ou deprimido, base arredondada, superfície lisa ou reticulada, freqüentemente brilhante ou iridescente.

Gênero cosmopolita, com cerca de 250 espécies aquáticas e semi-aquáticas, de águas salobras, pântanos, margens de rios, lagoas e brejos.

CHAVE PARA AS ESPÉCIES

1. Caule quadrangular, 2,0-10,0cm alt.; perianto com 5 cerdas .... 6. *E. nana*
1. Caule trígono ou cilíndrico, 11,0-70,0cm alt.; perianto com 6-7 cerdas
    2. Caule trígono, 45,0-70,0cm alt.
        3. Ervas ca. 70,0cm alt.; estigma 3-fido; perianto com 6 cerdas .... 5. *E. mutata*
        3. Ervas ca. 45,0cm alt.; estigma 2-fido; perianto com 7 cerdas .... 4. *E. maculosa*
    2. Caule cilíndrico, 11,0-36,0cm alt.
        4. Aquênio com rostro deprimido ..... 3. *E. geniculata*
        4. Aquênio com o rostro cônico

5. Caule ca. 0,1mm diâm.; espiguetas 3,0-4,0mm compr. .... 1. *E. debilis*
5. Caule 0,5-1,0mm diâm.; espiguetas 4,0-6,0mm compr. .... 2. *E. flavescens*

1. ***Eleocharis debilis*** Kunth, Enum. 2:143. 1837.

Erva cespitosa. Caule cilíndrico, capilar, 11,0-17,0cm alt., ca 0,1mm diâm. Bainha membranácea, ápice escarioso, enrugado. Espiguetas ovais, 3,0-4,0mm compr., ca. 2,0mm larg., ápice agudo; glumas oval-elípticas, ca. 2,0mm compr., 1,0mm larg., carena verde, ápice obtuso, as laterais castanhas; estigma 2-fido; perianto com 6-7 cerdas, ca. 1,5mm compr. Aquênio obovóide, liso, negro, 1,0-1,3mm compr., rostro cônico, ca. 0,7mm compr.

Observações: Espécie com ocorrência no Brasil nos Estados de São Paulo, Paraná, Santa Catarina e Rio Grande do Sul. Na Ilha do Cardoso foi encontrada vegetando em solos úmidos e beira de riachos.

Material examinado: S.L. Jung-Mendaçolli 529, fr., estrada da captação, 19-VIII-1982 (SP); C.F.S. Muniz 526, fr., estrada da captação, 15-XII-1983 (SP); S. Romaniuc Neto et al. 130, rio Sítio Grande, 20-III-1984 (SP).

2. ***Eleocharis flavescens*** (Poir.) Urban, Symb. Antill. 4:116. 1903.

Basiônimo: *Scirpus flavescens* Poir. in Lam., Encycl. Meth. Bot. 6:756. 1804.

Erva rizomatosa. Caule cilíndrico, em tufos, 15,0-36,0cm alt., 0,5-1,0mm diâm. Bainhas inferior e superior enrugadas, laxas, brancas. Espiguetas oval-oblongas, 4,0-6,0mm compr., ca. 3,5mm larg.; glumas oval-oblongas, 2,5mm compr., ápice subagudo, carena verde; anteras ca. 1,0mm compr.; estilete 1,5-2,0mm compr., estigma 2-fido; perianto com 7 cerdas denticuladas do mesmo tamanho do aquênio. Aquênio biconvexo, obovóide-obpiriforme, negro, lustroso, ca. 1,0mm compr., rostro cônico, agudo, ca. 0,2mm compr.

Observações: Espécie com distribuição no leste e sudeste dos Estados Unidos da América, México, Índias Ocidentais e América do Sul. Na Ilha do Cardoso foi encontrada em áreas úmidas ou subaquáticas. Segundo Pio-Corrêa (1926), *E. flavescens* é utilizada como forrageira.

Material examinado: L.C. Passos, fr., II-1997 (SP 346065).

Material adicional examinado: C. Muniz 237, fr., São Paulo, Cunha, Reserva Florestal, sobre barranco, 12-II-1981 (SP).

3. *Eleocharis geniculata* (L.) Römer & Schultes, Syst. Veg. 2:150. 1817.

Basiônimo: *Scirpus geniculatus* L., Sp. Pl. 1:48. 1753 "pro parte".

Sinônimo: *Eleocharis capitata* R. Br., Prodr. Fl. Nov. Holl. p.225. 1810.

Erva com raízes fibrosas. Caule cilíndrico, filiforme, verde claro, 12,0-20,0cm alt., 0,3-0,5mm diâm. Bainhas creme, terminada em bisel. Espiguetas ovóide-globosas, agudas, 3,0-7,0mm compr., 3,0-4,0mm larg.; glumas elípticas, membranáceas, 2,0mm compr., ápice obtuso, margem escariosa, branca, dorso convexo, verde, levemente carenado, laterais avermelhadas; estames 2-3; estigma 2-fido; perianto com 7 cerdas, ca. 1,2mm compr. Aquênio biconvexo, obovóide, negro, brilhante, 0,8-1,0mm compr., superfície lisa, rostro deprimido.

Observações: Espécie pantropical. Ocorre em lugares úmidos, áreas de pastagens, inclusive em plantação de arroz. Na Venezuela o caule é utilizado na confecção de selas e os rizomas, em infusão, têm propriedade tônica (Simpson & Inglis, 2001); no Brasil, é utilizada como forrageira (Pio-Corrêa, 1926).

Material examinado: C.F.S. Muniz & M.G.L. Wanderley 574, fr., próximo ao rio Trepandé, 9-V-1985 (SP).

Material adicional examinado: W.D. Clayton & G. Eiten 4716, fr., São Paulo, Ilha Comprida, 16-II-1965 (SP); O. Yano et al., 18410, fr., São Paulo, Santos, Ilha Urubaqueçata, 25-III-1993 (SP).

4. *Eleocharis maculosa* (Vahl) Römer & Schultes, Syst. Veg. 2:154. 1817.

Basiônimo: *Scirpus maculosus* Vahl, Enum. Pl. 2:247. 1805.

Erva em tufo denso, com estolões rastejantes. Caule trígono, sulcado, ca. 45,0cm alt., 0,5mm larg. Bainha enrugada, com a boca obliquamente truncada, púrpura na parte inferior do caule, creme na superior. Espiguetas elipsóides, castanhas, ca. 1,0cm compr., 3,0mm larg.; glumas elípticas, membranáceas, ca. 3,0mm compr., 1,0mm larg., margem hialina, dorso carenado; estigma 2-fido; perianto com 7 cerdas do mesmo tamanho do aquênio. Aquênio biconvexo, obovóide, 1,0-1,2mm compr., negro, brilhante, ápice agudo, base estreita, rostro cônico, ca. 0,5mm compr.

Observações: Espécie encontrada na América Central e América do Sul (Venezuela, Brasil, Bolívia, Colômbia e Equador). Na Ilha do Cardoso foi encontrada em lugares úmidos.

Material examinado: L.C. Passos, fr., II-1997 (SP 346065).

Material adicional examinado: A. Custodio Filho 1921, fr., São Paulo, Biritiba Mirim, Estação Biológica de Boracéia, 24-XI-1983 (SP); M. Kirizawa, 175, fl., São Paulo, São Bernardo do Campo, 2-XII-1978 (SP); T. Sendusky 671, fr., São Paulo, Cotia, 18-III-1967 (SP).

5. *Eleocharis mutata* (L.) Römer & Schultes, Syst. Veg. 2:155. 1817.

Basiônimo: *Scirpus mutatus* L., Syst. Nat. ed. 10, 2:867. 1759.

Erva com rizoma pequeno. Caule trígono, ca. 70,0cm alt., 0,7mm larg. Bainha membranácea, castanha, boca obliquamente truncada, ápice agudo. Espiguetas cilíndricas, ca. 3,0cm compr., 3,0-4,0mm larg., ápice obtuso; glumas densamente imbricadas, oval-orbiculares, levemente membranáceas, pintadas de vermelho na parte abaxial, ca. 3,0mm compr., 2,0mm larg., na parte adaxial com nervuras, margem hialina; estigma 3-fido; perianto com 6 cerdas, púrpuras, retrorsamente escabrosas, do mesmo comprimento do aquênio. Aquênio biconvexo, obovado, castanho, ca.1,7mm compr., superfície com células transversalmente oblongas, rostro de ápice deprimido, base alargada.

Observações: Espécie com distribuição na África e na América tropical, México e Índias Ocidentais até o sul do Brasil. Vegeta na Ilha do Cardoso em áreas inundáveis e beira de rios. É utilizada no Brasil como forrageira e para tecelagem (Pio-Corrêa, 1926).

Material examinado: A. Loefgren & G. Edwall, fr., 9-X-1894 (SP 9189).

6. *Eleocharis nana* Kunth, Enum. 2:140. 1837.

Erva cespitosa. Caule quadrangular, capilar, 2,0-10,0cm alt., pontilhado de vermelho. Bainha membranácea, pontilhada de vermelho, de boca oblíqua, alargada no dorso. Espiguetas oblongo-ovais, 2,5-3,2mm compr.; glumas oval-oblongas, ápice agudo, margens hialinas, carena vermelha; estigma 3-fido; perianto com 5 cerdas, do mesmo tamanho ou ultrapassando o aquênio. Aquênio oval-elíptico, 0,7-0,9mm compr., liso, rostro ca. 0,2mm compr.

Observações: Espécie predominantemente do Brasil, ocorrendo nos Estados de São Paulo, Paraná, Santa Catarina e Rio Grande do Sul.

Material examinado: T.M. Cerati & M. Kirizawa 165, fr., 16-IV-1985 (SP); A. Custodio Filho 611, fr., 20-25-II-1981 (SP); M. Kirizawa 924, fr., 19-IV-1983 (SP); M.R.F. Melo 268 fr., 11-XI-1981 (SP); C.F.S. Muniz 460, fr., 28-X-1982 (SP); C.F.S. Muniz 521, fr., 15-XII-1983 (SP); C.F.S. Muniz 535, fr., 15-XII-1983 (SP).

Fimbristylis Vahl

Ervas perenes ou anuais, cespitosas, raramente rizomatosas. Caule trígono, às vezes cilíndrico, ereto, estriado longitudinalmente, levemente comprimido, glabro ou escabroso. Folhas basais, espiraladas, linear-filiformes ou lanceoladas, glabras ou pubescentes, ápice inteiro, margem geralmente escabrosa no terço superior; lígula, quando presente, representada por pêlos curtos. Inflorescência terminal, ramificada, raramente séssil, antelóide simples, composta ou capitada; brácteas foliáceas. Espiguetas sésseis ou pediceladas, solitárias ou em glomérulos, ovóides, oblongo-ovóides, subglobosas ou lanceoladas; glumas imbricadas, dispostas espiraladamente, raramente dísticas. Flores bissexuais sem esquamelas, perianto ausente; estames 1-3; estilete algumas vezes fimbriado, base decídua após a maturação do fruto; estigma 2-3-fido. Aquênios sem rostro cônico ou piramidal, lenticulares ou trígonos, ovóides, obovóides, ou oblongos, superfície lisa, verrucosa ou reticulada, células isodiamétricas distribuídas horizontalmente, ápice apiculado ou não, base cuneada ou estipitada.

Gênero com aproximadamente 200 espécies, distribuindo-se pelas regiões tropicais e temperadas da Eurásia. Algumas espécies são de áreas tropicais da África, sendo relativamente poucas em regiões tropicais e temperadas das Américas do Norte e Sul. Na Ilha do Cardoso está representado por 2 espécies.

CHAVE PARA AS ESPÉCIES

1. Erva 5,0-15,0cm alt.; estilete não fimbriado, ca. 1,0mm compr. .... 1. *F. cymosa*
1. Erva 40,0-50,0cm alt.; estilete fimbriado, ca. 3,0mm compr. .... 2. *F. spadicea*

1. *Fimbristilys cymosa* R. Br., Podr. 1:228. 1810.

Sinônimos: *Fimbristylis spathacea* Roth, Nov. Pl. Sp. p.24. 1821.

Fimbristylis cymosa ssp. *spathacea* (Roth) T. Koyama, Micronesica 1:83. 1964.

Erva perene, com rizoma curto. Caule cilíndrico, 5,0-15,0cm alt., glabro. Folhas basais, lineares, patentes a falcadas, 4,0-10,0cm compr., ca. 1,5mm larg., ápice subobtuso; lígula ausente. Inflorescência em glomérulos, 6,0-12,0mm larg., brácteas 1-3, foliáceas, menores que os corimbos. Espiguetas ovóide-oblongas, ca. 3,0mm compr., ápice obtuso; glumas fortemente imbricadas, membranáceas, ovadas, 3-nérveas no dorso, ca. 1,5mm compr., 1,0mm larg., dorso castanho escuro, margem hialina; estilete não fimbriado, ca. 1,0mm compr.; estames 3; estigma 2-fido. Aquênio obovóide, 0,8-1,0mm compr., superfície lisa ou quase lisa.

Observações: Espécie pantropical. Na Ilha do Cardoso foi encontrada em terreno arenoso.

Material examinado: C.F.S. Muniz et al. 194, fr., próximo ao Centro de Pesquisas, 8-X-1980 (SP); M. Sugiyama et al. 660, fl., morro da captação, 19-IV-1986 (SP).

2. *Fimbristilys spadicea* (L.) Vahl, Enum. Pl. 2:294. 1806.

Basiônimo: *Scirpus spadiceus* L., Sp. Pl. 1:51. 1753.

Erva perene com rizoma curto. Caule trígono, rígido, glabro, 40,0-50,0cm alt. Folhas involutas, glabras, ca. 2,0mm larg.; bainha arredondada, membranácea, negro brilhante; lígula ausente. Inflorescência composta, umbeliforme, raios primários ca. 1,0cm compr., ascendentes, os secundários ca. 1,0cm compr.; brácteas e bractéolas foliáceas. Espiguetas oblongas ou cilíndrico-oblongas, agudas, 3,0-10,0mm compr.; glumas densamente imbricadas, ovais, convexas, levemente estriadas no dorso, 3,0-4,0mm compr., castanho-escuras, múcron subapical; estames 3; estilete fimbriado, ca. 3,0mm compr., estigma 2-fido. Aquênio biconvexo, obovóide, castanho-escuro, brilhante, ca. 1,5mm compr., 1,0mm larg., base estreita, com estípite desenvolvido, superfície levemente reticulada.

Observações: Espécie com distribuição desde a América Central até a América do Sul. Na Ilha do Cardoso foi encontrada no manguezal.

Material examinado: C.F.S. Muniz & M.G.L. Wanderley 575, fr., mata próxima ao rio Trepandé, 9-V-1985 (SP).

Fuirena Rottb.

1. *Fuirena umbellata* Rottb., Descr. Icon. Rar. Nov. Pl. p.70. 1773.

Sinônimos: *Fuirena paniculata* L.f., Suppl. p.105. 1781.

Fuirena tereticulmis Presl, Rel. Haenk. 1:180. 1828.

Scirpus umbellatus (Rottb.) O. Ktze., Rev. Gen. 3(2):337. 1898.

Erva perene. Caule solitário, 5-angular, ereto, glabro, exceto sob a inflorescência, 0,5-1,1m alt.; bainhas basais subáfilas, glabras, 2,0-5,0cm compr. Folhas linear-lanceoladas, glabras, 5-nérveas, 10,0-20,0cm compr., 5,0-15,0mm larg., ápice levemente agudo; lígula conspícua, de margens ciliadas. Inflorescência em panícula, 1 terminal e 3-5 axilares, com 3-12 glomérulos de espiguetas. Espiguetas pediceladas, multifloras, oblongas, 5,0-10,0mm compr., 2,0-3,0mm larg.;

flores bissexuais, sem esquamela; glumas dispostas espiraladamente, elípticas, ciliadas, verde escuras, 3-nérveas, ca. 2,0mm compr., 1,0mm larg., nervuras convergindo para o ápice da gluma, terminando em uma arista ereta e dura com ca. 1,0mm compr; perianto com 3 lâminas obovadas ou oblongas, retusas; estames 3; estigma 3-fido. Aquênio sem rostro cônico ou piramidal, obovado, trígono, ca. 0,9mm compr., ângulos acentuados, lados obscuramente enrugados, base cuneiforme.

Observações: Espécie pantropical, ilustrada por Kral (1978), é citada pela primeira vez para o Estado de São Paulo. As espécies de *Fuirena* apresentam caule 3-5-angular. *F. umbellata*, com o caule 5-angular, foi a única espécie coletada na Ilha do Cardoso, em ambiente brejoso e em lagoa. Diferentes partes da planta como as túberas ou a planta toda, quando incineradas, são utilizadas pelos africanos para alimentação humana e do gado e a água resultante da infusão de suas folhas serve de banho para os bebês recém-nascidos (Simpson & Inglis, 2001).

Material examinado: A. Custodio Filho & C.F.S. Muniz 140, fr., 21-VIII-1979 (SP); C.F.S. Muniz & A. Custodio Filho 63, fr., 21-VIII-1979 (SP); C.F.S. Muniz & A.Custodio Filho 98, fr., 22-VIII-1979 (SP); C.F.S. Muniz & A. Custodio Filho 101, fr., 22-VIII-1979 (SP); C.F.S. Muniz & A. Custodio Filho 104, fr., 22-VIII-1979 (SP); C.F.S. Muniz & A. Custodio Filho 105, fr., 22-VIII-1979 (SP); C.F.S. Muniz & A. Custodio Filho 108, fr., 22-VIII-1979 (SP); C.F.S. Muniz & A. Custodio Filho 187, fr., 8-X-1980 (SP); L. Rossi & F. Barros 691, fr., 11-IX-1990 (SP); M. Sakane 234, fr., 4-IV-1975 (SP); T. Sendulsky 1309, fr., 8-V-1975 (SP).

Hypolytrum L.C. Rich.

1. *Hypolytrum schraderianum* Nees in Mart., Fl. Bras. 2(1):66. 1842.

Erva perene, cespitosa, rizomatosa. Caule central ereto, trígono, liso, 1,7-2,5m alt., ca. 4,0mm larg., parte superior escabrosa. Folhas basais, coriáceo-rígidas, ca. 3,7cm larg., 3-nérveas, duas das nervuras proeminentes e próximas à margem, ápice atenuado, margem escabrosa. Inflorescência em panícula composta, multiramosa, 12,0-25,0cm alt., 6,0-13,0cm larg.; bráctea inferior ca. 32,0cm compr. 2,8cm larg., as outras progressivamente mais curtas. Espiguetas alternas, oblongo-ovóides, 4,0-7,0mm compr., ca. 3,0mm larg.; flores bissexuais; glumas imbricadas, obovadas, membranáceas, 1-nérveas, dispostas espiraladamente, 1,2-1,6mm compr., 0,75-1,0mm larg., ápice arredondado, obtuso, as 3-4 inferiores, vazias; esquamelas 2(-3), hialinas, com carena ciliolada, 1,3-1,7mm compr., 0,5mm larg.; estames 2, anteras 0,9-1,1mm compr.; estigmas 2. Aquênio cônico-lageniforme, verde-oliva ou castanho, 1,5-2,0mm compr., 1,3mm larg., superfície irregularmente rugosa.

Material examinado: F. Barros et al. 1903, fl., morro do Cardoso, 12-IX-1990 (SP); M. Kirizawa et al. 1773, fr., morro do Cardoso, 14-X-1986 (SP); M. Kirizawa & S. Romaniuc Neto 1268, fr., morro Morretes, 22-VIII-1984 (SP); M.C.H. Mamede & R. Andreata 956, fr., morro Jacareú, 18-X-1988 (SP); C.F.S. Muniz 214, fl., morro Jacareú, 9-X-1980 (SP); C.F.S. Muniz 470, fr., morro Pedro Luis, 22-VIII-1984 (SP); C.F.S. Muniz 502, fl., sítio do Cardoso, 13-XII-1983 (SP); O. Yano, fl., próximo ao rio Tapera, 23-VII-1981 (SP 175328).

Kyllinga Rottb.

1. *Kyllinga vaginata* Lam., Tabl. Encycl. 1:148. 1791.

Sinônimos: *Kyllinga pungens* Link, Hort. Berol. 1:236. 1827.

Cyperus obtusatus (Presl.) Mattf. & Kükenth., Pflanzenreich 4(20) heft 101, p.585. 1936.

Erva perene, rizoma horizontal, entrenós curtos, cobertos de escamas vinosas, multinervadas, ápice agudo. Caule ereto, trígono, liso, foliado na base, 12,0-45,0cm alt. Folhas planas, rígidas, ca. 2,0mm larg., nervura mediana proeminente na face abaxial, ápice acuminado, margem escabrosa; brácteas 3-4, foliáceas, eretas, horizontais ou reflexas, ca. 3,0cm compr. Inflorescência monocéfala, em capítulo, séssil, elíptica, 0,7-1,0cm compr., 0,6-0,7cm larg. Flores bissexuais; espiguetas oval-lanceoladas, comprimidas, ca. 3,1mm compr., 1,1mm larg.; ráquis articulada; glumas ovais, conduplicadas, dispostas disticamente, persistentes, 2,3-2,7mm compr., ápice mucronado, nervuras 3-4(5), laterais; estames 3, não acrescentes após a antese; estígma 2-fido, vermelho. Aquênio lenticular, não protegido por utrículo, castanho, ca. 1,0mm compr., 0,9mm larg., superfície brilhante, brevemente apiculado, base cuneada ou subestipitada.

Observações: Muitos pesquisadores consideram *Kyllinga* como um subgênero de *Cyperus*; entretanto, *Kyllinga* difere de *Cyperus* por apresentar duas glumas e espigueta com uma flor; a espiga séssil e densa de *Kyllinga* difere da inflorescência ramificada de *Cyperus*. O gênero *Kyllinga* consiste de 40-45 espécies que vegetam tanto em solos secos como úmidos. *K. vaginata*, aparentemente rara na América Central, é comum na América do Sul, especialmente no oeste do Brasil, Paraguai, Uruguai e norte da Argentina (Tucker, 1984b, 1987).

Material examinado: C.F.S. Muniz et al. 196, fr., próximo ao Centro de Pesquisas, 8-X-1980 (SP); M.M. Takeda et al. 1, fr., em frente ao alojamento do CEPARNIC, 5-IV-1982 (SP).

Pleurostachys Brongn.

Erva perene, rizomatosa. Caule ereto ou escandente, com folhas em sua base, ao longo deste, ou somente na parte superior e, neste caso, provido de bainhas áfilas e laminadas. Folhas lineares ou lanceoladas, bainhas de boca truncada, sinuosa, às vezes lobulada. Inflorescência em panícula ou em corimbo. Flores bissexuais, sem esquamela, reunidas em 1-2 pseudoespiguetas solitárias ou agrupadas, as inferiores hermafroditas, férteis, as superiores masculinas ou estéreis; glumas persistentes, dispostas espiraladamente, as 3-4 inferiores vazias; estames 3, estigma 2-fido, linear, papiloso. Perianto com 3-6 cerdas alopecuróides, vinosas, menores que o aquênio, levemente cilioladas na parte inferior e plumosas na parte superior. Aquênio ovóide, obovóide ou orbicular-ovóide, biconvexo, transversalmente ondulado-rugoso; rostro cônico ou piramidal.

Observações: *Pleurostachys* consiste de 30 espécies que habitam as florestas tropicais e subtropicais da América do Sul. No Brasil, as espécies de *Pleurostachys* ocorrem nos Estados do Espírito Santo, São Paulo, Paraná, Santa Catarina e Rio Grande do Sul.

CHAVE PARA AS ESPÉCIES

1. Folhas lanceoladas
   2. Lâmina sem nervuras proeminentes, ápice falciforme 0,7-0,8mm .... 4. *P. urvillei*
   2. Lâmina com 3 nervuras proeminentes, ápice reto .... 1. *P. gaudichaudii*
1. Folhas lineares
   3. Inflorescência em 4-13 corimbos laxos; aquênio obovóide, ca.1,0mm compr., rostro piramidal .... 2. *P. sellowii*
   3. Inflorescência em 5-6 panículas; aquênio orbicular-ovóide, 2,0-2,5mm compr., rostro cônico .... 3. *P. stricta*

1. *Pleurostachys gaudichaudii* Brongn. in Duperrey, Voy. Monde Bot. Phan p.174. 1829.

Sinônimo: *Nemocloa gaudichaudii* Nees in Mart., Fl. Bras. 2(1):150. 1842.

Erva com caule trígono, escabroso, 5,0-15,0cm alt., ca.

2,0mm larg. Folhas 4-5, lanceoladas, 7,0-15,0cm compr., 1,7-2,3cm larg., ápice reto, com 3 nervuras proeminentes; bainha escabrosa; lígula arredondada, levemente ciliada. Inflorescência em 1-2 corimbos, compostos de 2 glomérulos de espiguetas com pedúnculos capilares, 2,0-4,5cm compr.; espiguetas globosas; estigma profundamente 2-fido; perianto com 4-5 cerdas vermelhas, brilhantes. Aquênio orbicular-ovóide, negro, 1,0-1,5mm compr., superfície transversalmente ondulado-rugosa; rostro cônico, 0,4-0,6mm compr.

Material estudado: I. Cordeiro et al. 374, fr., restinga do Pereirinha, 15-X-1986 (SP); C.F.S. Muniz et al. 213, fr., morro Jacareú, 9-X-1980 (SP).

2. *Pleurostachys selowii* Kunth, Enum. 2:285. 1837.

Sinônimo: *Nemochloa selowii* (Kunth) Nees in Mart., Fl. Bras. 2(1):152. 1842.

Erva com caule trígono, liso, 30,0-80,0cm alt., 2,0-3,0mm larg., base engrossada, com bainhas áfilas, na parte superior, com lóbulo obtuso, escarioso, margem castanha. Folhas numerosas, lineares, ápice fortemente acuminado. Inflorescência em 4-13 corimbos laxos, pedúnculos exsertos, 2,0-3,0cm compr., 2,0-3,0cm larg., ramos capilares, ca. 2,0cm compr.; espiguetas 4-10, dispostas em glomérulos de 5,0-7,0mm diâm; perianto com 6 cerdas, menores que o aquênio. Aquênio obovóide, biconvexo, ca. 1,0mm compr., superfície granuloso-rugosa, negra; rostro piramidal, 0,4-0,5mm compr.

Material examinado: I. Cordeiro et al. 358, fr., próximo ao rio Cardoso, 14-X-1986 (SP); A. Custodio Filho et al. 912, fr., 20-24-IX-1982 (SP); M.C.H. Mamede et al. 191, fr., Marujá, 25-X-1989 (SP); C.F.S. Muniz et al. 219, fr., morro do Jacareú, 9-X-1980 (SP); C.F.S. Muniz et al. 220, fr., morro Jacareú, 9-X-1980 (SP); C.F.S. Muniz 501, fr., sítio do Cardoso, 13-XII-1983 (SP); L. Rossi et al. 702, fr., base do morro do

Cardoso, 12-IX-1990 (SP).

3. *Pleurostachys stricta* Kunth, Enum. Pl. 2:286. 1837.

Sinônimo: *Nemochloa stricta* (Kunth) Nees in Mart., Fl. Bras. 2(1):154. 1842.

Erva com caule trígono, rígido, ereto, 60,0-90,0cm alt., faces côncavas, com bainhas áfilas ou levemente laminadas na base. Folhas lineares, mais longas que o caule, 6,0-14,0mm larg., ápice acuminado, margem escabrosa; bainha de boca oblíqua e margem ligeiramente escabrosa. Inflorescência em 5-6 panículas parciais, afastadas entre si, estreitas, 3,0-6,0cm compr.; pedúnculos ca. 9,0cm compr., divididos em 2 ramos desiguais e, estes, divididos em outros 2 ramos menores, também desiguais, com espiguetas brevemente pediceladas; brácteas mais longas que as panículas e o caule. Espiguetas plurifloras, 3,0-3,5mm compr., as superiores solitárias e alternas, as inferiores, às vezes, agrupadas e subsésseis; glumas ovais, mucronadas, ferrugíneas, glabras, as 3-4 inferiores vazias; perianto com 4-5 cerdas ferrugíneas, do mesmo comprimento do aquênio. Aquênio orbicular-ovóide, castanho, 2,0-2,5mm compr., rostro cônico, ca. 1mm compr.

Material examinado: C.F.S. Muniz et al. 203, fr., 8-X-1980 (SP); C.F.S. Muniz et al. 218, fr., morro Jacareú, 2-X-1980 (SP); L. Rossi et al. 700, fr., interior da mata, 12-IX-1990 (SP).

4. *Pleurostachys urvillei* Brongn. in Duperry, Voy. Monde Bot. Phan. p.173. 1829.

Sinônimo: *Nemochloa urvillei* (Brongn.) Nees in Mart., Fl. Bras. 2(1):150. 1842.

Erva com caule trígono, 60,0-70,0cm alt., 3,0mm larg., faces sulcadas. Folhas 20-22, lanceoladas, 5,0-9,0cm compr., 0,5-2,0cm larg., ápice falciforme, nervuras não proeminentes; bainha lisa, com boca albo-ciliada. Inflorescência em 10-17 corimbos, pedúnculos exsertos, capilares, lisos. Espiguetas reunidas em grupos de 4-10, orbicular-ovais; perianto com 4-6 cerdas. Aquênio orbicular-oval, biconvexo, castanho escuro, ca.1,5mm compr., superfície granuloso-rugosa, rostro cônico, ca. 0,3mm compr.

Observações: Na Ilha do Cardoso foi encontrada na mata de encosta, entre pedras no leito de rio.

Material examinado: J.B. Baitello & S.M. Borges 78, fr., 11-XI-1981 (SP); F. Barros & J.E.L.S. Ribeiro 2101, fr., morro do Cardoso, 6-XII-1990 (SP); A. Custodio Filho et al. 911, fl., fr., morro da Captação, 20-24-IX-1982 (SP); S.A.C. Chiea 207, fr., morro do Sambaqui-Mirim, 21-IX-1982 (SP); M. Kirizawa 2226, fr., morro Tajuba, 20-VI-1989 (SP).

Pycreus P. Beauv.

1. *Pycreus polystachyos* (Rottb.) P. Beauv., Fl. d'Oware 2:48, t.86, f.2. 1807.

Basiônimo: *Cyperus polystachyos* Rottb., Descr. Rar. Pl.: 39, t.11, f.1. 1773.

Erva anual. Caule cespitoso, trígono, liso, plurifoliado, 11,0-45,0cm alt. Folhas menores que o caule, 1,3-3,0mm larg., ápice atenuado, margem levemente escabrosa; brácteas 5-6, menores do que as folhas, sub-eretas, ca. 3,0mm larg., a inferior 11,0-18,0mm compr. Inflorescência em corimbo, mono ou policéfala. Espiguetas fasciculadas, linear-lanceoladas, 8,0-10,0mm compr., 1,0-1,2mm larg., ápice agudo; ráquis não articulada; flores bissexuais, glumas membranáceas, oval-elípticas, dispostas disticamente, decíduas, 1,5-1,8mm compr., ápice agudo, margem hialina, carena verde; estame 1, não acrescente após a antese; estigma 2-fido. Aquênio elíptico-oblongo, lenticular, não protegido por utrículo, ca. 1,0mm compr., 0,4-0,5mm larg., superfície negra com pontos brilhantes, ápice apiculado, base estipitada.

Observações: Erva cosmopolita, apresentando distintas

formas de inflorescência. Freqüentemente encontrada em praias e margens de rios.

Material examinado: A. Custodio Filho 610, fl., fr., 20-25-II-1981 (SP); C.F.S. Muniz & A. Custodio Filho 97, fl., fr., 22-VIII-1979 (SP).

Rhynchospora Vahl

Ervas perenes, raramente anuais, de tamanho variado. Caule trígono, noduloso e folioso. Folhas lineares, planas, bainhas sem lígula. Inflorescência terminal e/ou lateral, corimbosa, paniculada, antelada ou capitada. Espiguetas lanceoladas, ovóides ou elípticas, às vezes levemente compressas, castanhas ou brancas, com poucas ou muitas glumas dispostas em espiral ou, algumas vezes, imbricadas num eixo contínuo; flores bissexuais, sem esquamelas; estames 1-3; estigma 2-fido ou indiviso; perianto com 6-7 cerdas escabrosas ou lisas, decíduas com o fruto, podendo estar ausentes em algumas espécies. Aquênios ovóides, obovóides ou obpiriformes, biconvexos ou lenticulares, coroados pela base persistente do estilete, resultando em diferentes formações cônicas ou piramidais (rostro), mais raramente lisos.

O gênero possui cerca de 250 espécies, ocorrendo em regiões tropicais e subárticas de ambos os hemisférios.

CHAVE PARA AS ESPÉCIES

1. Perianto sem cerdas; glumas alvas .... 1. *R. breviuscula*
1. Perianto com cerdas; glumas castanhas a pardo-avermelhadas
    2. Inflorescência em 2-3 antelas ..... 2. *R. holoschoenoides*
    2. Inflorescência em corimbos
        3. Aquênio lenticular, obovóide, ca. 1,0cm compr.; inflorescência em corimbos multiramosos, densos .... 3. *R. marisculus*

3. Aquênio obpiriforme, ca. 1,5cm compr.; inflorescência em corimbos pauciramosos, menos densos .... 4. *R. rugosa*

1. *Rhynchospora breviuscula* Pfeiffer, Repert. Spec. Nov. Regni Veg. 38:95. 1935.

Basiônimo: *Dichronema gracilis* C.B. Clarke, Kew Bull. add. ser. 8:32. 1908.

Erva perene, raízes fibrosas. Caule trígono, 10,0-30,0cm alt. Folhas 1,0-3,0mm larg. Inflorescência monocéfala com 3-5 espiguetas alvas; brácteas alvas na face adaxial, até a axila, as inferiores 4,0-5,0cm larg., com poucos cílios, caducas. Espiguetas plurifloras, 3,0-4,0mm larg.; glumas alvas; perianto sem cerdas. Aquênio obovóide, biconvexo, 1,5mm compr., superfície levemente ondulada transversalmente, base atenuada; rostro pardo ou negro, cônico, ca. 0,8mm compr., com base decumbente sobre o aquênio.

Material examinado: A. Custodio Filho et al. 740, fl., rio Sítio Grande, 4-8-I-1982 (SP).

Material adicional examinado: F.C Hoehne, fr., São Paulo, Xiririca, 25-IX-1929 (SP 24312); T. Sendulsky 1109, fr., São Paulo, Eldorado Paulista, arredores da caverna do Diabo, 22-I-1971 (SP).

2. *Rhynchospora holoschoenoides* (L.C. Rich.) Herter, Rev. Sudam. Bot. 9(5):157. 1953.

Basiônimo: *Schoenus holoschoenoides* L.C. Rich., Acta Soc. Hist. Nat. Paris 1:106. 1792.

Sinônimos: *Schoenus cyperoides* Sw., Podr. p.19. 1788 (non Retz, 1786).

Rhynchospora cyperoides (Sw.) Mart., Denkschr. Königl. Akad. Wiss. München 6:149. 1816-1817.

Erva perene, rizoma curto ou decumbente. Caule trígono, geralmente solitário, liso, 45,0-100,0cm alt. Folhas basais e caulinares, 3,0-6,0mm larg., estas distantes entre si e mais curtas que o caule. Inflorescência formada por 2-3 antelas, a terminal composta, pluriramosa, com 3 brácteas; as laterais com uma bráctea maior que a antela; ramos da antela até 10,0cm.compr.; capítulos esféricos, densos, 6,0-12,0mm diâm. Espiguetas lanceoladas, 4,0-6,0mm compr., 2-4-floras, a inferior hermafrodita, as demais estaminadas; glumas membranáceas, castanhas, as 4 inferiores vazias; estilete inteiro ou levemente 2-lobado no ápice, 3,0-4,0mm compr.; perianto com 6 cerdas escabrosas e desiguais. Aquênio obovado, biconvexo, ca. 1,5mm compr., superfície levemente ondulado-rugosa; rostro cônico, subulado, base mais estreita que o ápice do aquênio, margem ligeiramente escabrosa.

Observações: Espécie da África Tropical e América; ocorre em áreas úmidas ou próximas aos rios e pântanos. É encontrada na mata, na Ilha do Cardoso. No Brasil é utilizada como forrageira (Pio-Corrêa, 1926).

Material examinado: F. Barros, fr., Itacuruçá, 27-IV-1989 (SP 235960); E. Forero et al. 8672, fr., Itacuruçá, 8-XI-1980 (SP); A. Loefgren & G. Edwall, fr., 9-X-1894 (SP 9406); C.F.S. Muniz & A. Custodio Filho 95, fr., 22-VIII-1979 (SP); C.F.S. Muniz et al. 192, fr., Itacuruçá, 8-X-1980 (SP); C.F.S. Muniz et al. 199, fr., próximo ao Centro de Pesquisas, 8-X-1980 (SP); C.F.S. Muniz et al. 200, fr., Itacuruçá, 8-X-1980 (SP); M. Kirizawa 3230, fr., restinga do Pereirinha, 16-XI-1995 (SP).

3. *Rhynchospora mariusculus* Lindl. ex Nees in Mart., Fl. Bras. 2(1):142. 1842.

Erva perene, rizoma descendente, coberto de escamas. Caule trígono, ereto, plurifoliado, 80,0-100,0cm alt., 1,0-2,5mm larg.. Folhas planas, 4,0-5,0mm larg. Inflorescência em 2-3 corimbos laterais e 1 terminal, denso, multiramoso, pedunculado. Espiguetas eretas, em fascículos de 2-4, curtamente pediceladas; glumas castanhas, lanceoladas com uma nervura dorsal proeminente, as 2-3 inferiores estéreis e com uma arista ligeiramente híspida, as outras ovais, agudas ou mucronadas; estigma 2-fido; perianto com 6 cerdas flexuosas, ultrapassando o aquênio rostrado. Aquênio obovóide, lenticular, biconvexo, ligeiramente marginado, amarelado, transversalmente rugoso, ca. 1,0mm compr., 0,9mm larg., base atenuada; rostro cônico, aplanado, 1,0-1,1mm compr.

Material examinado: C.F.S. Muniz 520, fr., estrada da captação, 15-XII-1983 (SP).

Material adicional examinado: G. Davidse & W.G. D'Arcy 10533, fr., São Paulo, 9km south of Atibaia, 25-II-1976 (SP); C.F.S. Muniz 241, São Paulo, Cunha, Reserva Florestal, 12-II-1981 (SP); C.F.S.Muniz 340, fr., São Paulo, Teodoro Sampaio, 13-III-1981 (SP); C.F.S. Muniz 476, fr., São Paulo, Ribeira, estrada para Apiaí, 11-V-1983 (SP).

4. *Rhynchospora rugosa* (Vahl) Gale, Rhodora 46:275. 1944.

Basiônimo: *Rhynchospora glauca* Vahl, Enum. 2:233. 1806.

Erva perene, cespitosa. Caule trígono, liso, foliado, 25,0-85,0cm alt., 0,5-2,0mm larg. Folhas planas, patentes, 1,5-2,0mm larg. Inflorescência em corimbos não muito densos, pauciramosos, 2-3 ramos axilares e 1 terminal, composto, pedúnculos filiformes, aplanados, o inferior, 4,0-7,0cm compr., os seguintes mais curtos. Espiguetas lanceolado-ovais, 4,0-6,0mm compr., em fascículos de 2-3 com 3-5 flores; glumas membranáceas, pardo-avermelhadas, as 3 inferiores estéreis, mucronadas, as superiores férteis, ca. 3,5mm compr.; perianto com 6 cerdas vermelhas. Aquênio obpiriforme, biconvexo, ligeiramente marginado, ca. 1,5mm compr., 1,0-1,2mm larg., superfície transversalmente enrugada, parda; rostro cônico, agudo ou obtuso, ca. 0,7mm compr.

Material examinado: M.C.H. Mamede et al. 191, fr., Marujá, 25-X-1980 (SP); C.F.S. Muniz et al. 211, fr., morro Jacareú, 9-X-1980 (SP).

Scleria Berg.

Ervas monóicas, raramente dióicas, perenes ou anuais, cespitosas, rizomatosas ou escandentes, glabras ou pubescentes. Folhas lineares, linear-lanceoladas ou lanceoladas; limbo com 1-5 nervuras, margem geralmente escabrosa, alas conspícuas e largas, ápice caudado a longamente triangular; bainha geralmente bem desenvolvida, triquetra, com lígula lanceolada, triangular, oval, ou com apêndice escarioso desenvolvido. Inflorescência formada por uma a várias panículas triangulares ou uma espiga interrompida. Espiguetas unissexuais, mais raramente hermafroditas; as masculinas com flores numerosas, cada uma com 1-3 estames sustentados por uma gluma; espigueta feminina com uma única flor. Hipogíneo cupuliforme, geralmente bem desenvolvido ou, às vezes, ausente, lobado ou não, decíduo com o fruto, margem fimbriada, ciliada ou lisa; aquênio, em geral, relativamente grande e conspícuo, cônico-elipsóide, globoso a obscuramente trígono, branco, púrpureo-escuro ou negro.

Gênero predominantemente tropical com 250 espécies, com centro de diversidade nas regiões tropicais da América do Sul, África e sudeste da Ásia. Das 20 espécies encontradas no Estado de São Paulo, 5 ocorrem na Ilha do Cardoso, todas elas com flores unissexuais. Ilustrações das espécies podem ser vistas em Muniz & Shepherd (1987).

CHAVE PARA AS ESPÉCIES

1. Planta escandente; lígula com apêndice escarioso .... 5. *S. secans*

1. Planta não escandente; lígula sem apêndice escarioso
   2. Limbo com alas largas
      3. Margem do hipogínio profundamente laciniada, púrpurea; aquênio branco, tingido de lilás ou negro, superfície lisa .... 1. *S. latifolia*
      3. Margem do hipogínio fimbriada, vermelho-sanguínea; aquênio totalmente branco, superfície ondulado-tuberculada .... 3. *S. panicoides*
   2. Limbo com alas estreitas ou ausentes
      4. Limbo sem alas; margem do hipogínio com densos pêlos longos, vermelho-brilhantes; lígula lanceolada .... 2. *S. mitis*
      4. Limbo com alas estreitas; margem do hipogínio fortemente fimbriada, vermelho-sanguínea; lígula oval .... 4. *S. plusiophylla*

1. *Scleria latifolia* Sw., Prodr. Veg. Ind. Occ. p.18. 1788.

Sinônimos: *Scleria arundinacea* Kunth, Enum. Pl. 2:347. 1837.

Scleria cyanocarpa Kunth, Enum. Pl. 2:347. 1837.

Schizolepis latifolia (Sw.) Nees in Mart., Fl. Bras. 2(1):186. 1842.

Scleria latifolia var. *arundinacea* (Kunth) Pfeiffer, Repert. Spec. Nov. Regni Veg. 52:174. 1943.

Erva cespitosa, rizoma curto. Caule ereto, trígono, liso, geralmente glabro, 24,0-60,0cm alt., com 1 ou mais bainhas áfilas na base. Folhas lanceoladas, glabras ou esparsamente pilosas, 22,0-40,0cm compr., 1,5-2,5cm larg., ápice caudado, margem escabrosa, 2 alas largas, terminando a 1/3 do ápice, em alturas desiguais; bainha ca. 1,5cm larg., alas proeminentes, margem escabrosa; lígula triangular, rígida, sem apêndice escarioso, 2,0-4,0mm compr., margem cartilaginosa, setuloso-ciliada. Inflorescência composta de uma panícula terminal, multiramosa, com ramos patentes, ligeiramente flexuosos, hirsutos, e panículas axilares, semelhantes, menos densas; pedúnculos exsertos, escabrosos, comprimidos. Espiguetas masculinas pediceladas, glumas subdísticas, lanceoladas, com ápice acuminado; espiguetas femininas sésseis, glumas largas, ovais com ápice acuminado. Hipogínio membranáceo, púrpura, deixando, ao cair, uma base trilobada dentro da espigueta, margem profundamente laciniada. Aquênio globoso, deprimido, branco, tingido de lilás ou negro, ca. 3,0mm compr., ápice levemente apiculado, superfície lisa.

Observações: Espécie com ocorrência desde a América Central até a Argentina e o Paraguai. No Brasil é freqüente na mata Atlântica. Na Ilha do Cardoso é encontrada na mata de restinga.

Material examinado C.F.S. Muniz & A. Custodio Filho 99, fl., 22-VIII-1979 (SP); C.F.S. Muniz et al. 180, fl., fr., 7-X-1980 (SP); C.F.S. Muniz et al. 181, fr., 7-X-1980 (SP); C.F.S. Muniz et al. 182, fr., 7-X-1980 (SP); C.F.S. Muniz et al. 189, fr., Pererinha, próximo ao trapiche, 8-X-1980 (SP); C.F.S. Muniz et al. 190, fl., 8-X-1980 (SP); C.F.S. Muniz et al. 204, fr., 8-X-1980 (SP); C.F.S. Muniz et al. 207, fl., 8-X-1980 (SP); C.F.S. Muniz et al. 216, fr., morro Jacareú, 9-X-1980 (SP); C.F.S. Muniz et al. 225, fl., fr., praia do Pererinha, 10-X-1980 (SP).

2. *Scleria mitis* Berg., Vet. Akad. Handl. Stockh. 26:145. 1765.

Erva perene, rizoma delgado. Caule ereto, trígono, 45,0-57,0cm alt. Folhas lineares, rígidas, glabras, desprovidas de alas, ca. 30,0cm compr., 1,0-2,0cm larg., margem e nervuras escabrosas; bainha trialada, glabra; lígula lanceolada, glabra, 4,0-5,0mm compr., sem apêndice escarioso.

Inflorescência formada por 3-4 panículas laxas, estreitas, com ramos eretos e brácteas foliáceas. Espiguetas ovóides; as masculinas pediceladas ou sésseis; as femininas sésseis; glumas orbiculares, ápice curtamente acuminado. Hipogínio ondulado, densamente piloso na margem, com pêlos longos, vermelho-brilhantes; aquênio branco, cônico-elipsóide, 2,0-3,0mm compr., superfície lisa, base do estilete negra, persistente no fruto.

Observações: Espécie com ocorrência desde a América Central até o Paraguai e Bolívia. De ampla distribuição no Estado de São Paulo, cresce em brejos e várzeas.(Muniz & Shepherd, 1987). Na Venezuela a espécie serve de alimento para gado bovino e eqüino (Simpson & Inglis, 2001).

Material examinado: J. Mattos 9154, fl., 1-X-1961 (SP); C.F.S. Muniz & A. Custodio Filho 96, fl., 22-VIII-1979 (SP).

3. *Scleria panicoides* Kunth, Enum. Pl. 2:348. 1837.

Erva cespitosa. Caule ereto, trígono, robusto, 20,0-80,5cm alt., base glabra, parte superior pilosa, com ângulos retrorso-espinulosos. Folhas lanceoladas, rígidas, glabras, multinervadas, 20,0-50,0cm compr., 1,5-4,0cm larg., ápice caudado, margem escabrosa, lóbulo mediano lanceolado, as alas terminando em alturas desiguais; bainha fortemente alada, glabra, ca. 1,5cm larg.; lígula oval, cartilaginosa, nervuras sanguíneas, margem com pêlos brancos, sem apêndice escarioso. Inflorescência em 1 panícula terminal e 2-3 axilares, pluriramosas, mais ou menos densas; panículas axilares pedunculadas, hirsutas na parte superior. Espiguetas masculinas geminadas, uma séssil e outra pedicelada; glumas inferiores dísticas, vermelho-sanguíneas, com carena e múcron híspidos; glumas superiores múticas, vermelho-sanguíneas na parte superior e brancas na inferior; espiguetas femininas com 3 glumas suborbiculares, híspidas, vermelho-sanguíneas, ápice brevemente acuminado e 1 gluma hialina, estreita, ápice fortemente acuminado.

Hipogínio 3-lobado, pardo, aderente ao fruto, base cartilaginosa; lóbulos rígidos, fimbriados, vermelho-sanguíneos; aquênio globoso, branco, ligeiramente apiculado, ca. 4,0mm compr., superfície ondulado-tuberculada, tubérculos com ápice setoso.

Observações: Espécie com ocorrência no Brasil, Bolívia e Paraguai (Muniz & Shepherd, 1987). Na Ilha do Cardoso vegeta em clareiras, na mata de encosta.

Material examinado: F. Barros 2251, fr., pico do Cardoso, 18-IV-1991 (SP); F. Barros & P. Mastuscelli 1642, fr., morro Três Irmãos, 26-IV-1989 (SP); C.F.S. Muniz 450, fr., 27-X-1982 (SP); C.F.S. Muniz & A. Custodio Filho 106, fl., 22-VIII-1979 (SP); C.F.S. Muniz et al. 217, fr., morro Jacareú, 9-X-1980 (SP); C.B. Toledo et al. 45, fl., morro do Tassuva, 6-III-1985 (SP).

4. *Scleria plusiophylla* Steud., Syn. Cyper. p.172. 1855.

Erva perene, cespitosa, em geral pubescente. Caule ereto, trígono, 39,0-57,0cm alt., margem escabrosa. Folhas lineares, 25,0-53,0cm compr., 1,9-2,3cm larg., alas estreitas, margem escabrosa; bainha ca.1,0cm larg., com alas estreitas; lígula oval, 4,0-7,0mm compr., ápice obtuso, margem ciliada, sem apêndice escarioso. Inflorescência com 1 panícula terminal e 2-3 axilares, pouco ramosas, laxas; brácteas conspícuas, setáceas, 4,0cm compr.; panículas axilares distantes entre si, pedunculadas, pauciramosas. Espiguetas bigeminadas, as masculinas sésseis, glumas ovais, vermelho-sanguíneas, ápice agudo, margem e carena verdes; as femininas com glumas ovais, ápice acuminado. Hipogínio 3-lobado, margem fortemente fimbriada, vermelho-sanguínea; aquênio globoso, obscuramente trígono, branco, ca. 4,0mm compr., ápice apiculado, superfície esparsamente tuberculada; tubérculos com tufos de pêlos em seu ápice.

Observações: Ocorre no Brasil e Paraguai. Na Ilha do Cardoso, cresce em clareiras na mata de encosta e restinga.

Material examinado: E. Forero et al. 8622, fl., próximo ao Laboratório, 8-X-1980 (SP); M.M.R.F. Melo et al. 478, fl., restinga do sitio Trapandé, 8-VI-1983 (SP); S. Romaniuc Neto & M. Kirizawa 203, fl., morro Morretes, 22-VIII-1984 (SP); M. Sugiyama & S. Aragaki 993, fl., restinga do Pererinha, 17-VI-1992 (SP).

5. *Scleria secans* (L.) Urban, Symb. Antill. 2:169. 1900.

Basiônimo: *Shoenus secans* L., Syst. Nat., ed. 10, p.865. 1759.

Sinônimo: *Scleria reflexa* H.B.K., Nov. Gen. Sp. 1:232. 1816.

Nome vulgar: capim-navalha.

Erva perene, cespitosa, com rizoma curto. Caule, escandente, tênue, trígono, folhoso, geralmente glabro, 3,0-5,0m alt., com ângulos aculeados, escabrosos. Folhas lineares, alongadas, congestas, patentes, fortemente escabrosas, 0,3-0,5cm larg., ápice acuminado; bainha com ala pouco desenvolvida; lígula ca. 10,0mm compr., apêndice escarioso amplo, obtuso. Inflorescência em panículas terminais e axilares, pauciramosa, as axilares, pedunculadas. Espiguetas masculinas pediceladas, mais numerosas que as femininas, ambas com glumas ovais, glabras, ápice agudo. Hipogínio glabro, suborbicular, margem ondulada; aquênio oval, branco, 3,0-4,5mm compr., ápice apiculado, superfície lisa, brilhante, com pêlos diminutos.

Observações: *S. secans* ocorre desde o México até o Brasil e Bolívia, no interior e na margem das matas. No Brasil, a sua fibra é utilizada na confecção de papel fino (Pio-Corrêa, 1926). É encontrada na Ilha do Cardoso em áreas de mata de encosta e mata de restinga

Material examinado: J. Mattos 16164, fr., próximo ao Centro de Pesquisas (SP); C.F.S. Muniz et al. 215, fl., morro Jacareú, 9-X-1980 (SP); C.F.S. Muniz 523, fr., estrada da captação, 15-XII-1983 (SP); C.B. Toledo et al. 53, fr., morro das Pedras, 6-III-1985 (SP).

Agradecimentos

A autora agradece à Dra. Mizué Kirizawa da Seção de Curadoria do Herbário, Instituto de Botânica (IBt), pela atenção e paciência em analisar algumas espécies de *Cyperus*, na discussão da sua estrutura anatômica e revisão final do trabalho; aos ciperólogos doutorandos Aparecida Donizete de Faria, Departamento de Botânica (UNICAMP), pela confirmação das identificações das espécies de *Eleocharis*, Fábio Vita, Departamento de Botânica (UNICAMP) e Ana Paula Prata (IBt) pela discussão na identificação de algumas espécies de *Rhynchospora* e ao Dr. Fábio de Barros (IBt) pela análise do texto e sugestões; aos funcionários da Biblioteca do Instituto de Botânica, pelo apoio na obtenção de obras em outras bibliotecas, bem como pelo auxílio na padronização da bibliografia.

BIBLIOGRAFIA

Adams, C.D. 1994. Cyperaceae. In Flora Mesoamericana (Davidse, G.; Sousa S. M. & Chater, A.O. ed.). Mexico, DF: Universidad Nacional Autónoma de Mexico, v.6, p. 402-404.

Adams, C.D. 1994a. *Cladium*. In Flora Mesoamericana (Davidse, G.; Sousa S., M. & Chater, A.O. ed.). México, DF: Universidad Nacional Autónoma de México, v.6, p. 423.

Adams, C.D. 1994b. *Cyperus*. In Flora Mesoamericana (Davidse, G.; Sousa S., M. & Chater, A.O. ed.). México, DF: Universidad Nacional Autónoma de México, v.6, p. 423-440.

Adams, C.D. 1994c. *Pycreus*. In Flora Mesoamericana (Davidse, G.; Sousa S., M.& Chater, A.O. ed.). México, DF: Universidad Nacional Autónoma de México, v.6, p. 440-442.

Adams, C.D. 1994d. *Kyllinga*. In Flora Mesoamericana (Davidse, G.; Sousa S., M.& Chater, A.O. ed.). México, DF: Universidad Nacional Autónoma de México, v.6, p. 444-446.

Adams, C.D. 1994e. *Fuirena*. In Flora Mesoamericana (Davidse, G.; Sousa S., M.& Chater, A.O. ed.). México, DF: Universidad Nacional Autónoma de México, v.6, p. 450-452.

Adams, C.D. 1994f. *Fimbristylis*. In Flora Mesoamericana (Davidse, G.: Sousa S., M. & Chater, A.O. ed.). México, DF: Universidad Nacional Autónoma de México, v.6, p. 455-457.

Adams, C. D. 1994g. *Scleria*. In Flora Mesoamericana (Davidse, G.; Sousa S., M. & Chater, A. O. ed.). México, DF: Universidad Nacional Autónoma de México, v.6, p. 476-484.

Ahumada, O.H. 1985. *Cladium* (Cyperaceae) en la Flora Argentina. Boletin de la Sociedad Argentina de Botanica 24(1-2):183-186.

Araujo, A.C. & Longhi-Wagner, H.M. 1996. Levantamento taxonômico de *Cyperus* L. subg. *Anosporum* (Nees) Clarke (Cyperaceae-Cypereae) no Rio Grande do Sul, Brasil. Acta Botanica Brasilica 10(1):153-192.

Barros, F.; Melo, M.M.R.F.; Chiea, S.A.C.; Kirizawa, M.; Wanderley, M.G.L. & Jung-Mendaçolli, S.L. 1991. Caracterização geral da vegetação e listagem das espécies ocorrentes. In Flora Fanerogâmica da Ilha do Cardoso (Melo, M.M.R.F.; Barros, F.; Wanderley, M.G.L.; Kirizawa, M.; Jung-Mendaçolli, S.L & Chiea, S.A.C., ed.). São Paulo: Instituto de Botânica, v.1, 184p.

Barros, M. 1928. Ciperáceas Argentinas. Parte 1. Género *Heleocharis* R. Br. Anales del Museo Nacional de Historia Natural "Bernardino Rivadavia" 34:425-495.

Barros, M. 1935. Ciperáceas Argentinas. Parte 2. Géneros *Kyllinga* Rottb., *Scirpus* L. y *Carex* L. Anales del Museo Nacional de Ciencias Naturales "Bernardino Rivadavia" 38:133-263.

Barros, M. 1938. Ciperáceas Argentinas. Parte 3. Géneros *Androtrichum*, *Lipocarpha*, *Ascolepis*, *Cyperus*. Anales del Museo Nacional de Ciencias Naturales "Bernardino Rivadavia" 39:253-381.

Barros, M. 1945. Ciperáceas Argentinas. Parte 4. Géneros *Fimbristylis*, *Bulbostylis*, *Fuirena*, *Dichromena*, *Schoenus*, *Oreobolus*, *Carpha*, *Rhyncospora*, *Scleria* y *Uncinia*. Anales del Museo Argentino de Ciencias Naturales "Bernardino Rivadavia" 61:323-479.

Barros, M. 1960. Las ciperaceas del Estado de Santa Catarina. Sellowia 12(12):181-450.

Core, E.L. 1936. The American species of *Scleria*. Brittonia 2:1-105.

Core, E.L. 1952. The genus *Scleria* in Brazil. Rodriguesia 15:137-162.

Delahoussaye, J.A. & Thiert, W.J. 1967. *Cyperus* subgenus *Kyllinga* (Cyperaceae) in the Continental United States. Sida 3(3):128-136.

Goetghebeur, P. 2001. Cyperaceae. In The Families and Genera of Vascular Plants (Kubitzki, K. ed.), v. 4, p. 141-190.

Gomez-Laurito, J. 1994a. *Becquerelia*. In Flora Mesoamericana (Davidse, G.; Sousa S., M. & Chater, A.O. ed.). México, DF: Universidad Nacional Autónoma de México, v.6, p. 484.

Gómez-Laurito, J. 1994b. *Calyptrocarya*. In Flora Mesoamericana (Davidse, G.; Sousa S., M. & Chater, A.O. ed.). México, DF: Universidad Nacional Autónoma de México, v.6, p. 476.

Gonzáles E., M.S. 1994c. *Eleocharis*. In Flora Mesoamericana (Davidse, G.; Sousa S., M. & Chater, A. O. ed.). México, DF: Universidad Nacional Autónoma de México, v.6, p. 458-464.

Kearns, M.D. 1998. *Becquerelia*. In Flora of Venezuelan Guaiana (Berry, P.E.; Holst, B.K. & Yatschkievjih, K. ed.). St. Louis: Missouri Botanical Garden Press, v.4, p. 501-503.

Koyama, T. 1967. Cyperaceae - Mapanioideae. Memoirs of the New York Botanical Garden. 17(1):23-79.

Koyama, T. 1970. The American species of the genus *Hypolytrum* (Cyperaceae). Darwiniana 16:49-92.

Koyama, T. 1979. Cyperaceae. In Flora of Lesser Antilles (Thompson-Mills, B. ed.) Journal of the Arnold Arboretum 3:220-320.

Kral, R. 1971. A treatment of *Abildgardia*, *Bulbostylis* and *Fimbristylis* (Cyperaceae) for North America. Sida 4(2):57-227.

Kral, R. 1978. A synopsis of *Fuirena* (Cyperaceae) for the Americas North of South America. Sida 7(4):309-354.

Kükenthal, G. 1936. Cyperaceae-Scirpoideae-Cypereae. In Das Pflanzenreich (Engler, A. ed.) 4(20) Heft 101, 671p.

Kükenthal, G. 1952. Vorarbeiten zu einer Monographie der Rhynchosporideae. 19. *Pleurostachys* Brongn. Botanische Jahrbücher 75(4):451-497.

Kuhlmann, M. & Kühn, E. 1947. A flora do Distrito de Ibiti (ex Monte Alegre), Município de Amparo. São Paulo: Instituto de Botânica. 221 p.

Kunth, C.S. 1841. Enumeratio Plantarum. Stuttgart: J.G. Colae, v.3, 752p.

Martins, L.L.M.; Carvalho-Okano, M.R. & Luceño, M. 1999. Cyperaceae do Parque Estadual Paulo César Vinha, Guarapari, Espírito Santo, Brasil. Acta Botanica Brasilica 13(2):187-222.

Muniz, C. & Shepherd, G.J. 1987. O gênero *Scleria* Berg. (Cyperaceae) no Estado de São Paulo. Revista Brasileira de Botânica. 10(1):63-94.

Osten, C. 1931. Las ciperaceas del Uruguai. Anales del Museo de Historia Natural de Montevideo, ser. 2, 3:109-256.

Padhye, M.D. 1971. Studies in Cyperaceae. III. Life History of *Kyllinga brevifolia* Rottb. with brief discussion on systematic position of *Kyllinga*. Botanical Gazette 133(3):172-179.

Pio-Corrêa, M. 1926. Dicionário das plantas úteis do Brasil. Rio de Janeiro: Ministério da Agricultura, Indústria e Commércio, v.1, 747p.

Pio-Corrêa, M. 1974. Dicionário das Plantas Úteis do Brasil. Rio de Janeiro: Instituto Brasileiro de Desenvolvimento Florestal, v.5, 687p.

Simpson, A.D. & Inglis, A.C. 2001. Cyperaceae of economic, ethnobotanical and horticultural importance: a checklist. Kew Bulletin. 56:257-360.

Svenson, H.K. 1943. Cyperaceae. In Flora of Panama (Woodson Jr., R.E. & Schery, R.W. ed.). Annals of the Missouri Botanical Garden 30(3):281-325.

Svenson, H.K. 1957. *Eleocharis*. North American Flora 18(9):509-540.

Thomas, W.W. 1994. *Rhynchospora*. In Flora Mesoamericana (Davidse, G., Sousa S., M. & Charter, A.O. eds.) México, DF: Universidad Nacional Autónoma de México, v.6, p. 404-422.

Thomas, W.W. 1997. Cyperaceae. In Guide to the Vascular Plants of Central French Guiana (Mori, S.A; Cremers, G.; Gracie, C.; Granville, J.J.; Hoff, M. & Mitchell, J.D. ed.). Part 1. Pteridophytes, Gymnosperms and Monocotyledons. Memoirs of the New York Botanical Garden 76(1):249-265.

Tucker, G.C. 1983. The taxonomy of *Cyperus* (Cyperaceae) in Costa Rica and Panama. Systematic Botany Monographs 2:1-85.

Tucker, G.C. 1984a. Taxonomic notes on two common Neotropical species of *Cyperus* (Cyperaceae). Sida 10(4):298-307.

Tucker, G.C. 1984b. A revision of the genus *Kyllinga* Rottb. (Cyperaceae) in Mexico and Central America. Rhodora 86:507-538.

Tucker, G.C. 1987. The genera of Cyperaceae in the Southeastern United States. Journal of the Arnold Arboretum. 68:361-445.

NORMAS PARA ELABORAÇÃO DAS MONOGRAFIAS

Normas gerais

1. Os trabalhos devem ser escritos em português e encaminhados em três vias, acompanhadas de cópia em disquete, digitada em *Word for Windows*.
2. Enviá-los para: Maria Margarida da R. Fiuza de Melo ou Fábio de Barros / Instituto de Botânica / Caixa Postal 4005 / CEP 01061-970, São Paulo, SP, Brasil.
3. Os originais devem ser digitados em espaço 1,5, com fonte Times New Roman - tam. 12; as páginas deverão apresentar numeração contínua e os nomes científicos deverão aparecer em itálico.
4. Para dúvidas específicas, consultar o último número publicado da Flora ou entrar em contato com os editores.
5. Os trabalhos serão publicados de acordo com a seqüência de chegada.
6. Os autores de monografias terão direito a receber 25 exemplares do volume onde se encontre(m) seu(s) trabalho(s).
7. Na delimitação das familias será adotado, fundamentalmente, o sistema de Cronquist (1989).

Normas específicas

1. A ordem de aparecimento dos itens da monografia será o seguinte:

a) Título (incluindo o nome da família)
b) Nome(s) do(s) autor(es)
c) Descrição diagnóstica da família
d) Chave para os gêneros (quando mais de um)
e) Nome do gênero
f) Descrição diagnóstica para gêneros com mais de uma espécie
g) Chave para as espécies
h) Nome da espécie (seguido do nome do autor e obra *princeps*)
i) Referência ao número da figura (quando houver)
j) Nome(s) vulgar(es) [nome(es) local(ais), citado(s) nos rótulos]
k) Descrição diagnóstica para cada espécie
l) Observações
m) Material examinado
n) Bibliografia

2. Agradecimentos poderão aparecer, de forma suscinta, antes da Bibliografia.
3. As chaves de identificação devem ser dicotômicas e indentadas e basear-se em informações que constem nas descrições.
4. Em nota de rodapé na primeira página, constarão: endereço(s) profissional(ais) do(s) autor(es) e informação(ões) quanto a bolsa(s) ou auxílio(s) recebido(s).
5. Chaves e descrições diagnósticas para táxons intermediários (subfamílias, tribos, subgêneros, seções, etc) poderão ser utilizadas, se necessário, a critério do autor.
6. O aparecimento dos gêneros obedecerá à ordem alfabética, e o das espécies, à ordem alfabética dentro de cada gênero; as espécies serão numeradas em ordem de aparecimento.
7. Descrições de gêneros só serão apresentadas quando abrangerem 2 ou mais espécies.
8. O basiônimo (quando houver), será apresentado abaixo da citação do nome da espécie, seguido da indicação da respectiva obra *princeps*.
9. Sinônimos só serão citados caso sejam inéditos (precedidos da expressão syn. nov.); neste caso, aparecerão na linha imediatamente

inferior à do nome da espécie.

10. Descrições diagnósticas em latim serão permitidas apenas quando se tratar de táxons novos e, mesmo neste caso, deverão ser seguidas das descrições completas em português.
11. O item *Observações* segue à descrição da espécie (ou táxons infra específico) e inclui quaisquer dados de habitat, fenologia, utilidade(s), distribuição geográfica, características ecológicas e taxonômicas, que o autor julgue importantes; como utilidades subentendem-se aquelas informadas pelos habitantes da Ilha do Cardoso e não aquelas pesquisadas em bibliografia.
12. No item *Material examinado* serão listados, basicamente, os materiais férteis coletados na Ilha do Cardoso, fornecidos pela coordenação do projeto, no entanto outras coleções da Ilha do Cardoso poderão ser consultadas a critério do autor (UEC, SPF e SPSF, p. ex.).
13. A critério do autor, mas apenas se necessário, a descrição da espécie poderá conter informações complementares provenientes de outros materiais, que não os coletados na Ilha do Cardoso, o que deverá ser comentado no item Observações; estes, deverão ser citados em um item próprio (Material adicional examinado), abaixo do item Material examinado.
14. Quando uma espécie for representada, nas coletas provenientes da Ilha do Cardoso, apenas por exemplar(es) estéril(eis) o autor deverá citar materiais férteis de outras localidades (preferencialmente locais próximos da Ilha, como por exemplo, Iguape, Cananéia, etc.) dentro do item Material adicional examinado.
15. Os espécimes examinados deverão ser citados em ordem alfabética de sobrenome dos coletores e de acordo com o exemplo a seguir - S.L. Jung-Mendaçolli 521, fl., fr., morro do Marujá, 18-VIII-1982 (SP) - onde fl. e fr. indicam, respectivamente, a presença de flores e/ou frutos; a ausência de qualquer um desses dados indicará sua inexistência no rótulo do material; no caso de plantas monóicas e dióicas, indicar o tipo de flor (fl.♂, ou fl.♀).
16. Na citação dos nomes dos coletores, basear-se nos exemplos a seguir:
    - para um coletor: J.A. Correa 327
    - para dois coletores: J.A Correa & E.A. Lima 1850
    - para mais de dois coletores: J.A. Correa et al. 8
17. Citações de literatura dentro do texto, deverão utilizar o sistema autor/data, seguindo os exemplos: Cronquist (1981) ou (Cronquist, 1981) - para um autor; Prance & Mori (1978) ou (Prance & Mori, 1978) - para dois autores; Bacchi et al. (1984) ou (Bacchi et al., 1984) - para mais de dois autores; para trabalhos publicados num mesmo ano por um mesmo autor ou combinação de autores, usar letras minúsculas (a, b, c, ...) após o ano de publicação.
18. No item *Bibliografia* poderão constar não apenas as obras citadas no texto, mas toda a *bibliografia* especializada consultada na elaboração do trabalho; as citações deverão aparecer em ordem alfabética de autores (ou mesmas combinações de autores) e ordem cronológica para cada autor ou combinação; nomes de periódicos sempre por extenso; seguir os exemplos abaixo:

Carvalho, L. d'A. F. 1987. Revisão taxonômica das espécies de *Solanum* L. das seções *Lepidotum* (Dun.) Seith v. Hoff e *Cernum* Carv. (Solanaceae). Tese de doutorado, Universidade Estadual de Campinas. 228p.

Castellanos, A. 1967. Sobre dos *Hibiscus* afines. Sellowia 19:41-53.

Cronquist, A. 1981. An integrated system of classification of Flowering Plants. New York: Columbia University Press. 1262 p.

Heywood, V.H. 1971. The Leguminosae -

a systematic preview. In Chemotaxonomy of the Leguminosae (Harbone, J.B.; Boulter, D. & Turner, B.L. ed.). London: Academic Press. p. 1-29.

Schumann, K. 1891. Malvaceae. In Flora Brasiliensis (Martius, C.F.P.; Eichler, A.G. & Urban, I. ed.) 12(3):253-456.

19. As figuras deverão ser numeradas consecutivamente, em arábicos; escalas devem ser em sistema métrico e aparecer representadas grafica-mente na figura; o tamanho das ilustrações deve ser proporcional (até duas vezes) à área útil da revista (10,5 X 17,0cm, incluindo as legendas); as legendas devem aparecer em folhas à parte no final do texto; para as referências às figuras, no texto, empregar a abreviatura Fig.; as ilustrações devem ser apresentadas sempre em nanquim e, preferencialmente, montadas em cartolina branca.
20. Expressões referentes a medidas devem ser abreviadas: comprimento = compr., largura = larg., diâmetro = diâm.
21. Medidas devem seguir o sistema métrico decimal e as unidades abreviadas imediatamente após as medidas, sem espaço (0,5cm).
22. O número de registro no herbário depositário só será citado quando não houver número de coleta; as abreviaturas dos herbários devem seguir o "Index Herbariorum".

Produção Gráfica, Impressão e Acabamento:

IMPRENSA da FÉ

(011) 5548-4311
imprensadafe@imprensadafe.com.br

ISBN 85-7523-012-3

9 788575 230121

Senhores:

Dear Sirs:

Queiram ter a gentileza de preencher o presente, devolvendo-o ao Instituto de Botânica - Seção de Biblioteca, a fim de que não haja interrupção do envio do número seguinte.

Please fill the requested below and return it to us, so we can send you the next number.

1. Recebemos e agradecemos: Flora Fanerogâmica da Ilha do Cardoso vol. 8 (2002)
   We have received:

2. Faltam-nos: ....
   We are in want of:

3. Enviamos em permuta: ....
   We sent you in exchange:

Local e data:
City and date:

Selo Postal
Stamp

Ao
Instituto de Botânica
Seção de Biblioteca
Caixa Postal 4005
01061-970 São Paulo, SP, Brasil

Remetente:
Sender:

....
(Endereço) - (*Address*)

....
(Cidade e Estado) - (*City and State*)

....
(País) - (*Country*)